现代果树高效栽培管理技术

XIANDAI GUOSHU GAOXIAO ZAIPEI GUANLI JISHU

周 蕾 盖凌云 徐春花 邵 鹏 主编

中国农业科学技术出版社

图书在版编目（CIP）数据

现代果树高效栽培管理技术 / 周蕾等主编. -- 北京 : 中国农业科学技术出版社，2024. 6. -- ISBN 978-7-5116-6898-1

Ⅰ. S66

中国国家版本馆CIP数据核字第 2024JY3098 号

责任编辑 李 华
责任校对 李向荣
责任印制 姜义伟 王思文

出 版 者 中国农业科学技术出版社
北京市中关村南大街 12 号 邮编：100081
电 话 （010）82109708（编辑室） （010）82106624（发行部）
（010）82109709（读者服务部）
网 址 https: // castp.caas.cn
经 销 者 各地新华书店
印 刷 者 北京地大彩印有限公司
开 本 148 mm × 210 mm 1/32
印 张 9.875
字 数 255 千字
版 次 2024 年 6 月第 1 版 2024 年 6 月第 1 次印刷
定 价 68.00 元

《现代果树高效栽培管理技术》

编委会

主　编　周　蕾　盖凌云　徐春花　邵　鹏

副主编　凌凡舒　王　霞　陈　燕　崔　燕　徐　丽
朱守杰　张召水

参　编　管恩桦　张玉燕　卢绪奎　齐芸芳　于　卿
刘伟伟　葛福荣　卢　敏　黄　洁　秦大伟
李　玲　安绪华　郭建业　张浩然　葛福健
张春丽　李发森　刘　伟　吕　慧　阚京涛
曲文亮　张明俊　胡　浩　李　辉　刘永翠
吴清标　管仁慧

前 言

我国是世界果品第一生产大国，2021年果园（含西甜瓜）面积1.944亿亩，产量2.961亿t，是仅次于粮食、蔬菜的第三大种植产业，零售市场的规模已由2016年8 273亿元增至2021年的12 290亿元，5年内复合年增长率约为8.2%，据预测2026年中国水果零售市场规模将增加至17 752亿元，2021—2026年的预期复合年增长率为7.6%，是全球水果第一生产与消费大国。水果是优化居民膳食结构的重要农产品，一头连着产地，一头连着市场，是劳动密集型和技术密集型相结合的产业，对改善居民膳食结构、促进身心健康和果农增收致富发挥着越来越重要的作用。实现“车厘子自由”，斩断“果品刺客”，杜绝“月薪过万，吃不起水果”，保障高质量水果有效供应是今后发展的目标。

但是，近几年果品竞争优势随着劳动力成本上升而减退，立地条件较差、机械作业水平低等造成生产效率不高，导致比较效益逐步降低，特别是出现丰产不丰收现象。生态保障差及化肥的大量使用导致果品数量虽多，但质量好的不多，不能满足不同消费者的需求。为促进精细化管理技术的普及推广，解决广大果农重栽轻管、重产量轻质量、重化肥轻土壤改良、重产前生产轻预冷等产后处理、重生产轻品牌营销等问题，特组织具有丰富经验的一线技术人员立足生产实际编写了《现代果树高效栽培管理技术》一书，全书紧紧围绕果业产前、产中、产后等关键环节，以果业高质量发展为主线，突出新品种、新技术、新模式、新理念，强化生态、省力、优质、高效、轻简的要求，达到减水、减肥、减药、减人和减树的目标，建立与果业高质量发展相适应的果业标准及技术规范，建设标准化果园，促进产地环境、生产过程、产品质量、包装标识等全流程标准化，重视土壤管理、重视产量控制、重视绿色生产、重视产后处理，以供给侧核心目标品质的提升为突破口，满足需求侧核心目标。满足人们对美好生活的需求，落实产量平衡、树势稳健、持续促进果业转型升级，好吃、好看、好卖、好管是今后品质果业的目标。

全书共十四章，主要介绍果园土肥水管理、病虫害防控、自然灾害防控、果品商品化处理等技术，重点介绍了北方落叶果树主要树种苹果、梨、桃、葡萄、大樱桃、猕猴桃等管理技术，分别从品种选择、土肥水管理、整形修剪、花果管理、果品采收和商品化处理、病虫害的生态防控等环节入手，重点突出，技术轻简实用，浅显易懂，适合现代化果业生产。

在成书过程中，得到了山东省农业技术推广中心高文胜研究员、山东农业大学彭福田教授、山东省果树研究所张安宁研究员等专家的指导，得到了临沂市农业科学院、临沂市农业技术推广中心等单位的大力支持，在编写过程中，参考了多位专家的研究成果，在此一一表示感谢！

由于编者水平有限，书中难免有疏漏和不足之处，敬请读者批评指正。

编　者

2024年3月

目　录

第一章　土壤管理制度

土壤管理制度主要包括生草制、覆盖制、清耕制等，现代化果园提倡生草+覆盖相结合，全生态管理，拒绝裸露。

第一节　生草制

果园生草是在果树行间或全园种植草本植物作为覆盖的一种生态果园模式，具有改善土壤理化性状、提高有机质含量、调节果园的微生态环境、增强土壤抗侵蚀能力、保持水土及土壤肥力等作用，能够减少果园投入、提高果品质量和产量，现已成为世界上许多国家和地区广泛采用的果园土壤管理方法之一，目前欧美一些国家及日本实施生草果园面积占果园总面积的55%～70%，甚至高达95%。

一、生草制

全园种草或只行间带状种草，如种植豆科或禾本科作物，长高后刈割覆盖于行内树盘，一般每年要刈割2～4次，这是一种先进的土壤管理制度，可提高土壤有机质含量，改善果园小气候，防止水土流失，是目前广泛采用且效果很好的方法，但在干旱且无灌溉条件地区不适宜。实施生草制是果园土壤耕作管理的方向，一般按照

"行间种草、株间清耕覆盖"的方法进行，旱地果园要遵循"限制性生草与果树枝、叶、果限制性输出综合协调"的原则，力争草、树营养达到良性循环，是建设"果、畜、沼、草"配套生态果园的重要技术措施。

二、生草方式

（一）自然生草

自然生草就是利用果园自然生长的杂草，通过人工铲除曼陀罗、灰菜、千里光、白蒿、白茅等高大草或恶性杂草，再通过刈割2～3次/年，2～3年后选育出适合果园生草的优势草种，达到果园自然生草的目的。

自然生草园一般要求四季全园生草，一般春季进行人工拔除恶性草，连续2～4次，这样可在恶性草尚未对果树形成危害前就被消灭，同时为良性草留出充足的生长空间。在果树萌芽、开花、展叶需要肥水较多时，尽量控制草的生长，以保证土壤中的水分、有机质优先满足果树生长需要。每年根据实际情况割草2～3次，并将割下的草覆盖树盘。

（二）人工生草

在果树行间选择一种或一种以上的草种进行人工种植的生草方式。人工生草一般按"行间种草、株间清耕覆盖"的方法进行，力争实现树、草营养的良性循环。

目前果园中所采用的生草种类有白三叶草、长柔毛野豌豆、扁茎黄芪、鸡眼草、扁蓿豆、多变小冠花、草地早熟禾、匍茎剪股颖、野牛草、羊草、结缕草、猫尾草、草木樨、紫花苜蓿、百脉根、鸭茅、黑麦草、鼠茅草等。根据果园土壤条件和果树树龄大小选择适合的生草种类，目前主要推广种植长柔毛野豌豆、紫花苜蓿、草木樨、鼠茅草、黑麦草等。果园人工生草，可以是单一的草种类，也可以是两种或多种草混种。

1. 多年生黑麦草

多年生黑麦草又称黑麦草、宿根黑麦草、牧场黑麦草、英格兰黑麦草，是世界温带地区最重要的禾本科牧草之一。多年生黑麦草，须根发达，分蘖多，茎秆细，中空直立，高80～100cm，疏丛型，穗状花序，小穗互生，颖果被坚硬内外稃包住，种子无芒，呈扁平，千粒重为1.5～1.8g。

多年生黑麦草适合温暖、湿润的温带气候，适宜在夏季凉爽，冬无严寒，年降水量为800～1 000mm的地区生长。生长的最适温度为20～25℃，耐热性差，35℃以上生长不良，分蘖枯萎。一般利用年限为3～4年，第二年生长旺盛，生长条件适宜的地区可以延长利用。

青贮需在抽穗前或抽穗期刈割，每年可刈割3次，留茬5～10cm，一般亩①产鲜草5 000～6 000kg，放牧利用可在高25～30cm时进行，亩产种子50～80kg。

2. 长柔毛野豌豆

长柔毛野豌豆，别名柔毛苕子、毛苕子、毛叶苕子，豆科野豌豆属一年生草本。攀援或蔓生，植株被长柔毛，长30～150cm，茎柔软，有棱，多分枝。偶数羽状复叶，叶轴顶端卷须有2～3分支；托叶披针形或二深裂，呈半边箭头形；小叶通常5～10对，长圆形、披针形至线形，长1～3cm，宽0.3～0.7cm，先端渐尖，具短尖头，基部楔形，叶脉不甚明显。总状花序腋生，与叶近等长或

① 1亩≈667m^2，1hm^2=15亩，全书同。

略长于叶；具花10～20朵，朝向一面生于总花序轴上部；花萼斜钟形，长约0.7cm，萼齿5，近锥形，长约0.4cm，下面3齿较长；花冠紫色、淡紫色或紫蓝色，旗瓣长圆形，中部缢缩，长约0.5cm，先端微凹；翼瓣短于旗瓣；龙骨瓣短于冀瓣。荚果长圆状菱形，长2.5～4cm，宽0.7～1.2cm，侧扁，先端具喙。种子2～8粒，球形，直径约0.3cm，表皮黄褐色或黑褐色，种脐长等于种子圆周的1/7。花果期4—10月。原产欧洲及亚洲阿富汗、伊朗，我国各地可见栽培。长柔毛野豌豆适应能力和抗逆性强，春季容易形成优势草种，种子无休眠，浸水24h后就能萌发生长，具有"落地生根"和秋种、耐越冬、春生长的特点。在6月结豆荚后，植株很容易腐烂，无须刈割，节省大量刈割用工，省力效果突出。

3. 紫花苜蓿

豆科苜蓿属多年生草本，高30～100cm。根粗壮，深入土层，根茎发达。茎直立、丛生以至平卧，四棱形，无毛或微被柔毛；枝叶茂盛，羽状三出复叶；托叶大，卵状披针形，先端锐尖，基部全缘或具1～2齿裂，脉纹清晰；叶柄比小叶短；小叶长卵形、倒长卵形至线状卵形，等大，或顶生小叶稍大，长10～25mm，宽3～10mm，纸质，先端钝圆，具由中脉伸出的长齿尖，基部狭窄，楔形，边缘1/3以上具锯齿，上面无毛，深绿色，下面被贴伏柔毛，侧脉8～10对，与中脉呈锐角，在近叶边处略有分叉；顶生小叶柄比侧生小叶柄略长。种子卵形，长1～2.5mm，平滑，黄色或棕色。

喜温暖半干旱气候，抗寒性强，其耐寒品种可耐-30～-20℃，有雪覆盖时可耐-40℃的低温。高温、高湿对其生长不利。主根粗壮，根系发达，入土达3～6m，能充分吸收土壤深层的水分，故抗旱能力很强。对土壤要求不严格，沙土、黏土均可生长，但最适土层深厚、富含钙质的土壤，适宜的土壤pH值为7～8。生长期间最忌积水，连续水淹1～2d即大量死亡，因此要求排水良好，地下水位低于1m以下。耐盐碱，成株能耐0.3%以下的盐分，在NaCl含量为0.2%以下生长良好。年鲜草产量5 000kg/亩，耐践踏、恢复力极强，抗旱性及冬季抗逆性优异。

播种时期分为春播和秋播。春播一般在3月下旬至5月初，地温稳定在5℃以上即可播种。秋播一般在8月底至9月初，使苜蓿在冬季来临前有60d左右的生长时间。秋季播种后土壤墒情好，杂草危害轻，出苗率和成活率较高，是比较理想的播种时间。

4. 鼠茅草

鼠茅草属禾本科鼠茅属植物，是一种耐严寒而不耐高温的草本植物，为近年来果园生草备受关注的省力草种之一，鼠茅草的根系一般深达30～60cm，由于土壤中根生密集，在生长期及根系枯死腐烂后，既保持了土壤渗透性，防止了地面积水，也保持了通气性，增强果树的抗涝能力。鼠茅草地上部呈丛生的线状针叶，自然倒伏匍匐生长，针叶长达60～70cm，在生长旺季，匍匐生长的针叶类似马鬃、马尾，在地面编织成20～30cm厚，可以有效抑制果园杂草生长。鼠茅草生长形态为匍匐在地面生长，具有秋种、耐越冬、春生长、夏枯萎的特点，每年无须刈割，管理方便。减少人工除草成本，并改良了果园土壤。

鼠茅草适宜在9月中旬至10月上旬播种，播种量1.5～2kg/亩，在墒情合适的情况下发芽，越冬期植株高约15cm，第二年3月后迅速生长，鼠茅草是越年生禾草，株高约50cm，生长茂密，每年9月萌发，第二年6月死亡，留下的种子可于当年9月萌发。夏、秋时节，枯死却固地的鼠茅草可以保持土壤墒情，防止水土流失，而且一次播种，多年受益，降低了果农的劳动量。种子休眠性不强，

6月成熟的种子有少部分能发芽，但夏季高温时生长不良。5℃时不发芽，10℃时发芽时间为8~9d，充分吸水的种子在15~20℃时就可发芽。

第二节　覆盖制

一、覆膜

（一）薄膜覆盖

1. 常用的薄膜

材料是0.02mm厚的聚氯乙烯塑料膜，白色或无色透明，每千克可铺地面45m^{2}左右，操作与保管好可用2年，一般只用1年。

2. 薄膜保墒覆盖的优点

（1）抑制土壤水分蒸发，尤其春、夏季节，保墒效果非常好，胜过2~4次灌溉。北京郊区，3—5月土壤蒸发量500~750mm，薄膜覆盖可以减少蒸发量的40%~70%。

（2）提高地温，尤其是早春，可促使果树根系早开始活动和生长，地上萌芽、开花亦早。

（3）灭除或抑制杂草，主要是窒息和灼伤作用。

（4）土壤养分转化效率高，使果树当年营养状况好。

（5）果园通风透光好，树冠内光照状况有一定改善。

（6）减轻一些病虫害，一些在土壤中越冬，春季返回树上的害虫受阻。

（7）排水良好的情况下，雨涝害轻。

3. 薄膜保墒覆盖的缺点

（1）早春果树由于覆盖而早萌芽、开花，有的地区可能增加了晚霜危害的概率。

（2）土壤有机质含量降低快，土壤中养分转化快，土壤肥力降低快，对人工施肥依赖性更大了。

（3）减少了蚯蚓等有益动物和果树害虫的天敌种群与数量，增加果园化学防治病虫害的投入。

这些缺点通过采取带状覆盖、树盘覆盖、春季晚些覆盖等措施均能缓解。

（二）覆盖园艺地布

园艺地布也称“防草布”“地面编织膜”等，由聚乙烯材料的窄条编织而成，颜色有黑色和白色，20世纪80年代开始出现并广泛应用于果树领域。地布材料露地可使用5年以上，年使用成本低；渗水性好，水分可渗入土壤，保持土壤湿度，保墒效果好；可长期控制杂草；具有省工节本、生产高效的优势，对于现代果园省力化栽培具有重要价值。

二、覆草

（一）覆草的方法

果园可用麦秸、豆秸、稻草、玉米秸、谷糠、花生秸、花生壳，也可用杂草等取之方便的植物材料，覆盖全园或带状、树盘状覆盖，覆盖厚度15～20cm，以后每年加草保持15～20cm的厚度，覆草后要立即浇水，在草上均匀地压些小土堆，以免草被风吹散，并注意防止火灾。

（二）覆草的优点

（1）保墒。覆草后土壤较稳定地保持一定湿度，冬季可减少积雪被风吹走，保持蓄水量。

（2）增加土壤有机质。长期覆草，增加土壤有机质含量，提高土壤肥力。有研究表明，连续2年覆草，果园覆草土壤有机质增加41.46%。

（3）增加土壤团粒结构。覆草也是一种形式的免耕，覆盖使土壤结构得到良好的发育，团粒结构增加。

（4）防止返盐。由于地面蒸发受抑，下层可溶性盐分向土表的上升、凝集也自然减少。因此，在旱季根系分布层中的盐分减少，盐害减轻。

（5）土壤温度稳定。覆草使土壤温度变化缓慢，较稳定；炎夏因覆盖减少太阳直射地面的辐射能，使果园的气温和地温降低，严冬又因覆盖层使地温提高，对避免高温灼果和护根防凉有明显作用。一般春季解冻迟，但冻土层薄。覆草后夏季可使果园温度降低5～7℃，冬季提高1～3℃，保持温度相对稳定，利于根部生长。

（三）覆草的缺点

（1）秸秆材料、人工等费用增加，果园成本增加，适宜在劳动力多、秸秆材料丰富又方便的地区实施。

（2）第一年麦收后覆盖，第二年春季延迟果树萌芽、开花期，若授粉品种花期不同步往往影响坐果率和产量。

（3）山坡地覆盖不当时，雨季引起大的水土流失，加重山坡冲刷。

（4）易发生鼠害和火灾，不注意会造成果园的极大损失。

（四）覆草负面影响的改正措施

（1）早春翻晾覆盖材料，或轮番倒翻一遍，使部分覆盖过的地面晒太阳，以利于土壤升温。

（2）作畦埂压住覆盖材料，防冲刷、隔火。

（3）树干套或包扎塑料膜，避鼠。覆盖3～4年后于秋季浅翻入土中。

（4）为便于杂草腐烂，增加土壤有机质，建议在覆盖后喷布一次枯草芽孢杆菌或EM菌，加速秸秆腐熟。据临沂市桃产业发展创新团队试验表明，春季麦秸覆盖喷施EM菌，到秋季秸秆腐烂成碎末，效果良好，连续覆盖3年后树盘基质明显，果园有机质含量大幅提升。

果园覆草3～5年后，必须全园深翻一次。果园覆草后经过雨季，每年覆草就有腐烂，因此每年或隔年应加盖一次，3～5年后必须对果园全面翻耕一次，这样做一是覆草分解后产生的大量氮等营养元素，经深翻后与土壤充分混合，可提高土壤肥力，既增加土壤有机质，又改善土壤物理性状；二是若不深翻而将草连续直接覆盖在地表，随着草层加厚，易引起根系的上浮，造成根系冻害；三是重新覆草时，可结合深翻每株施氮肥0.2～0.5kg，以满足微生物分解有机物时对氮素的需要。

第三节　生草+覆盖的全生态模式

一、生草+覆盖

提倡行间生草+树盘覆盖（覆草、覆膜、覆盖园艺地布）相结合，实施全生态模式，目的是避免土壤裸露，通过食物链的相互牵制，均衡发展，既节约劳力，又增加收入，唯一就是需要更多的技术和精力。

二、生态果园模式

生态果园模式是果园生产各种要素的最佳组合方式，是具有一定结构、功能和效益的实体，是果园资源永续利用的具体方式。生态果园模式的具体类型很多，从技术的角度，可归纳为以沼气为纽带的生态果园模式、果园种养复合模式、观光果园模式等。

（一）以沼气为纽带的生态果园模式

1. “猪—沼—果”模式

将果树生产与生猪养殖、沼气建设结合起来，围绕果树主导产业，开展“三沼”（沼气、沼渣、沼液）综合利用，即利用人、畜粪便入池发酵，产生的沼气用于做饭和照明，沼渣、沼液作为优质有机肥料施于果园间作物（蔬菜或牧草），牧草用来喂猪（羊、兔子），猪粪再入池发酵，循环利用，实现农业资源的高效利用和生态环境的改善。

2. “五配套”生态果园模式

“五配套”指“果—畜—沼—窖—草”模式。在果树行间种草，行内覆草，饲料喂畜禽，畜禽粪便入沼气池发酵，沼气供给照明、做饭、取暖，沼渣返施果园肥地。在果园内或周边低洼地建地下水窖，拦截和贮存地表径流水，除供人、畜用水外，再用于沼气池、配药和果树灌溉用水。该模式以沼气为纽带，以果带牧、以牧促沼、以沼促果、果牧结合，形成良性循环。该模式是解决干旱地区用水，促进农业可持续发展，提高农民收入的生态农业模式。

（二）果园种养复合模式

1. 果园生草养鹅模式

在果园内放养各种经济动物，以野生取食为主，辅以必要的人工饲养，以生产更为优质、安全农产品的一种农业生产形式。主要有“果—鹅或鸡”模式，即果园生草、园内散养鹅、鸡等家禽，家禽采食青草、草籽和昆虫，禽粪肥园。在生产上以养鹅效果好。鹅清除杂草的效率惊人，300只鹅可以使面积达100亩果园的杂草难以形成旺势，不需要除草机械和人力投入就可轻松实现遏制杂草的目的，而遏制杂草，就间接性地遏制了以杂草为食、栖身、繁衍的害虫，既节省了投入，又形成了多重效益，一举多得。相比之下，鸡清除杂草的效率就很低。此外，鹅食草后排泄的粪便经微生物发酵后又可被果树吸收，形成良好的动物—植物—微生物生态系统，形成良性的物质和能量循环，让果园真正发挥其本应具有的生态效益。

2. 蚯蚓肥田模式

蚯蚓是“土地净化器”，能够消除农药残留，还可疏松土壤，改良土壤结构。各种有机废弃物经发酵后，可在蚯蚓消化系统中蛋白酶、脂肪酶、纤维酶和淀粉酶的作用下迅速分解，转化为易于其自身或其他生物利用的营养物质，经排泄后成为蚯蚓粪。蚯蚓粪具有很好的孔性、通气性、排水性和高持水量。微小的颗粒状还能增大土壤与空气的接触，同土壤混合后使土壤不再板结。蚯蚓粪因有很大的表面积，使得许多有益微生物得以生存，并具有吸收和保持营养物质的能力。蚯蚓粪肥中含有大量的养分，富含微生物菌群、有机质及腐殖酸，颗粒均匀，无味，吸水、保水、透气性强，具有抗旱保肥的作用，在农业生产中得到广泛应用。

据了解，500g蚯蚓种苗每年可消耗掉3亩左右的秸秆，生产约600kg蚯蚓粪和近50kg蚯蚓鲜体。经过多年生草+覆草，野生蚯蚓每亩存养量高达100余万条，相当于每年有3个熟练工人每日轮流工作8h，以及有10t肥料施入土内，每个果实都有60只蚯蚓提供营养。除了松土和产生粪肥，蚯蚓自身的高级蛋白质含量62%～64%。按平均寿命1年计，每年约有2 500kg优质蚯蚓蛋白质溶化于土壤中，为改良和培肥土壤提供源源不断的生物动力。

（三）观光果园模式

观光果园、采摘园是将果园作为观光、旅游资源进行开发的一种绿色产业。以果园及果园周围的自然资源及环境资源为基础，对园区进行规划、景点布置，突出果树“春花秋实”的季相和自然美，营造一个集果品生产、观光体验、休闲旅游、科普示范、娱乐健身于一体，自然风光、人文景观、乡土风情和果品生产相融合的科技生态观光果园。目前较普及的有两种，一是采果观光型果园，主要通过对现有果园的适当改造，增添生活和娱乐设施，使果园具有观光休闲、采摘品尝、果品销售功能，最大限度地提高趣味性和游客的参与性。果园的管理上，尽量施用生物农药和有机肥料，生产出安全、营养、无污染的有机果品，满足游人对有机果品的需求。二是景点观光型果园，旅游已成为一种时尚，可通过农业和旅游规划，按照一园一色、一地一品，在不同地域设置观光景点，展示果树“新、奇、特、美”的魅力，给旅客带来更多的艺术享受。还可在建设观光果园的同时，配设农家乐等项目，组建设施齐全的综合观光果园，充分提高单位面积的经济效益。

第二章　肥料施用技术

果园土壤肥力状况是反映土壤生产力的基础，土壤的性质与果树的生长发育、结果寿命、产量高低、品质优劣和各种栽培措施的效果都有着密切的关系，我国土壤养分状况为有机质和氮素含量普遍较低，磷、钾素次之。土壤有机质可提供果树生长所需95%以上的氮、20%～70%的磷、95%以上的硫，还可以为果树生长提供营养、增加养分的有效性，保水、保肥，提高土壤对酸碱变化的缓冲能力，还可以促进土壤团粒结构的形成、改善土壤物理性质等。果园土壤有机质偏低是我国果园目前存在的普遍问题，研究表明，制约我国果产业可持续发展的主要问题就是土壤有机质含量低。丰产稳产果园的土壤有机质含量应在2%以上，果园土壤有机质含量应在1.5%以上，最好达到5%～8%，但我国多数果园土壤有机质含量在1%左右。《山东省2021年度耕地质量监测报告》显示，2021年全省四级监测点土壤有机质平均含量17.7g/kg，依据耕地质量监测有机质含量分级标准，主要集中在15～20g/kg。2016—2021年，全省监测点土壤有机质平均含量总体呈增加趋势，分别为15.8g/kg、16.2g/kg、16.9g/kg、17.3g/kg、17.6g/kg、17.7g/kg，2021年较2016年增加12%。

第一节　果树施肥时期

一、发芽前施肥

应以土壤追施无机氮素肥料为主，施用量为全年氮素肥料用量的约1/3，目的是为防止发芽至开花期，因缺氮素造成花的质量差，导致落花落果严重和幼叶生长不良。花器官中氮素含量是树体各器官中最高的，以苹果树为例，花的氮素含量在5%左右，而叶片中仅含1%～2%，其他枝、干、根、成熟果实等器官中含量就更低了。如果果树有缺锌症状（发生小叶病），可在发芽前，对树体喷施约3%的硫酸锌水溶液，进行防治；若果树落花落果严重，导致坐果率低下，可采取在盛花期喷施0.3%～0.5%的硼砂+0.5%的尿素。

春季萌芽前提倡连续喷施3遍尿素和硼砂。第一遍在2月底开始喷3.0%尿素+0.5%硼砂，7d后喷第二遍为2.0%尿素+0.5%硼砂，再7d后喷第三遍为1.0%尿素+0.5%硼砂。

二、生理落果后至果实迅速膨大期施肥

此期果树因开花结实及生长，需要吸收利用较大量的氮素和钾素及少量磷素营养，花后20～35d，是果树吸收钙和补施钙肥的最佳时期。生理落果停止后至果实成熟期可分为两个生长阶段，即前期为细胞分裂期，后期为细胞膨大期。在果实生长第一阶段，若缺少氮素和钙素，会明显影响幼果中的细胞分裂数量，而导致果实变小、减产。在果实生长的第二阶段，若缺乏钾素，则最终会影响果实的内在品质和外观品质，表现为果实含糖量及维生素C含

量低，果面着色不良。因此追施最好分两次，第一次采取高氮、中钾，第二次采取低氮、高钾的原则。两次追肥，所用氮素肥料为全年氮肥用量的约1/3，而钾肥用量应为全年总用量的80%左右。花后20～35d，无论套袋与否，一定要喷施两次钙肥（0.5%的硝酸钙水溶液，或市售的商品钙肥，如腐殖酸钙等），两次喷施相隔5～7d。此时期内，若发生缺铁症状，可采取喷施硫酸亚铁0.5%的水溶液1～2次。若有小叶病发生，可喷施硫酸锌0.1%～0.2%水溶液1～2次。

三、果实采收后补充“月子肥”

果实采摘后果树的树体营养被大量消耗，需要及时补充肥料，以恢复树势，避免树体早衰，增强抵抗能力，减少病虫害发生，减轻落叶。补充“月子肥”以速效化肥为主，适当增加叶面肥，同时在施用化学肥料的同时大量补充有机肥，而有机肥中以生物有机肥为主，一方面增加土壤有机质，促进土壤团粒结构的形成；另一方面通过生物菌来改变土壤中和根系中的菌类平衡，以达到松土促根的作用。

四、落叶前秋施基肥

提倡秋施基肥，根据目标产量、土壤养分状况和果树养分需求规律，结合测土配方施肥，增施有机肥及合理的氮、磷、钾养分配比和用量，优化施肥时期及施用量，水肥耦合，科学施肥。有机肥推荐施用量5～6m^3/亩，秋季果树落叶前集中施用，并配合50%左右的全年化肥施用量、50～80kg/亩硅钙镁钾肥、1～1.5kg/亩硫酸锌、0.5～1.0kg/亩硼砂、3.0～5.0kg/亩硫酸亚铁和土杂肥等有机肥混匀一同施入，施肥后及时浇水以利于养分吸收利用。

第二节　果树施肥方法

一、开（条）沟

用机械开（条）沟，特别适合秋季基肥施用，一般沟深60～80cm，宽40～60cm，全部有机肥+50%左右的化肥混匀后施肥，要求施后及时浇水。

二、穴施

适合追肥，即施用速效肥料来满足和补充果树某个生育期所需要的养分。一般果园每年追肥2～3次，具体追肥次数、时间，要根据品种、产量和树势等确定。

三、根外追肥

根外追肥又称叶面施肥，全年均可进行，可结合病虫害防治一同喷施，利用率高，喷后3～7d即见效，持效期为15～20d。土壤条件较差的果园，采取此法追施含硼、锌、锰等元素的肥料更有利。某些元素如钙、铁等在土壤条件不良时易被固定，难以被根系吸收，在树体内又难以移动，因此，常出现缺素症状。采用叶面喷施法，对矫正缺素症效果很好。定植在砂姜黑土上的桃树容易出现缺铁症状，如连续喷施2～3遍0.3%的硫酸亚铁，缺素症状即可消失。晚熟桃果实生长后期因缺钙而发生裂果，如在果实发育期喷洒3～4次氨基酸钙或0.3%～0.4%硝酸钙，裂果明显减少。距果实采收期20d内停止叶面施肥。

四、水肥一体化

水肥一体化技术是将灌溉与施肥融为一体的农业新技术，是借助压力系统（或地形自然落差），将可溶性固体或液体肥料，按土壤养分含量和作物种类的需肥规律和特点，配兑成的肥液与灌溉水一起，通过可控管道系统供水、供肥，使水肥相融后，通过管道和滴头形成滴灌，均匀、定时、定量，浸润作物根系发育生长区域，使主要根系土壤始终保持疏松和适宜的含水量，同时根据不同果树的需肥特点，土壤环境和养分含量状况，果树不同生长期需水、需肥规律情况进行不同生育期的需求设计，把水分、养分定时定量，按比例直接提供给作物。从狭义上来讲，就是通过灌溉系统施肥，果树在吸收水分的同时吸收养分。通常与灌溉同时进行的施肥，是在压力作用下，将肥料溶液注入灌溉输水管道而实现的。溶有肥料的灌溉水，通过灌水器（喷头、微喷头和滴头等），将肥液喷洒到作物上或滴入根区。从广义上来讲，就是把肥料溶解后施用，包含淋施、浇施、喷施、管道施用等。

第三章　水分管控技术

果树对水分较为敏感，表现为耐旱怕涝，但自萌芽到果实成熟需要供给充足的水分，才能满足正常生长发育的需求。

第一节　果树需水特点与规律

一、果树需水特点

适宜的土壤水分有利于枝条生长、花芽分化、开花、坐果、果实生长与品质提高。果树在各个物候期对水分的要求不同，需水量也不同，花期和果实膨大期是两个关键时期，如花期水分不足，则萌芽不正常，开花不齐，坐果率低；果实膨大期如土壤干旱，会影响果实细胞体积的增大，减少果实重量和体积。果树的需水量随树种、土壤类型、气候条件及栽培管理技术等不同而有差异。一般而言，叶片小、全缘、角质层厚、气孔小而下陷的旱生形态果树，如石榴、扁桃、无花果等需水量小，而叶片大的水生果树需水量则较大。果树需要水分，但并不是水分越多越好，有时果树适度的缺水还能促进果树根系深扎，提高其抵御后期干旱的能力，抑制果树的枝叶生长，减少剪枝量，并使果树尽早进入花芽分化阶段，使果树早结果，并提高果品的含糖量及品质等。

二、需水规律

1. 果树种类不同对水分的要求不同

不同种类的果树，其本身形态构造和生长特点均不相同，凡是生长期长，叶面积大，生长速度快，根系发达，产量高的果树，需水量均较大；反之，需水量则较小。苹果、梨、桃、葡萄、柑橘等比枣、柿、栗、银杏等果树的需水量均大。水果中梨比桃的需水量大，而干果中的柿又比栗需水量大。

2. 同一果树不同生育阶段和不同物候期，对需水量有不同的需求

果树生长前期，要求水分供应充足，以利生长与结果，而生长后期要控制水分，保证及时停止生长，使果树适时进入休眠期，做好越冬准备。根据各地的气候状况，结合物候期果树需要，如土壤含水量低时，必须进行灌溉。

3. 自然条件不同果树需水量不同

不同果树生长地区其气候、地形、土壤等不同，其需水状况也不一致。气温高、日照强、风大、空气干燥，叶面蒸腾和株间蒸发加大，需水增多。

4. 农业技术措施对果树需水量也有影响

合理深耕、密植和多肥条件下，需水增多，但不成比例。

第二节　果树灌水时期和方法

一、灌水时期

1. 发芽前后到开花期

此时土壤中如有充足的水分，可以加速新梢的生长，加大叶面积，增加光合作用，并使开花和坐果正常，为当年丰产打下基础。春旱地区，此期充分灌水更为重要。这次灌水可补充长时间的冬季干旱，为果树早春新梢生长，增加枝量，扩大叶面积，提高坐果率做准备。此次灌水量要大，一次灌水要灌透，灌水宜足、次数宜少，以免降低地温，影响根系的吸收，如缺水，会影响开花、坐果。

2. 新梢生长和幼果膨大期

此期常称为果树的需水临界期。此时果树的生理机能最旺盛，如水分不足，则叶片夺取幼果的水分，使幼果皱缩而脱落。如严重干旱时，叶片还将从吸收根组织内部夺取水分，影响根的吸收作用正常进行，从而导致生长减弱，产量显著下降。

3. 果实迅速膨大期

就多数落叶果树而言，此时既是果实迅速膨大期，也是花芽大量分化期，此时及时灌水，不但可以满足果实肥大对水分的要求，同时也可以促进花芽健壮分化，从而达到在提高产量的同时，又形成大量有效花芽，为连年丰产创造条件。

一般是在果实采前20～30d，此时的水分供应充足与否对产量影响很大。此时早熟品种在北方还未进入雨季，需进行灌水；中早熟品种（6月下旬）已进入雨季，灌水与否及灌水量视降雨情况而定。此时灌水也要适量，灌水过多有时会造成裂果、裂核，对一些容易裂果的晚熟品种灌水尤应慎重，干旱时应轻灌；如缺水，果实不能膨大，影响产量和品质。

4. 采果前后及休眠期

在秋、冬干旱地区，此时灌水可使土壤中贮备足够的水分，有助于肥料的分解，从而促进果树第二年春天的生长发育。灌水时间应掌握在以水在田间能完全渗下去，而不在地表结冰为宜。但封冻水不能浇得太晚，以免因根茎部积水或水分过多，昼夜冻融交替而导致颈腐病的发生。秋雨过多、土壤黏重者，不灌水。

二、灌水量

一般以达到土壤田间最大持水量的60%～80%为宜，一年中需水一般规律是前多、中少、后又多。掌握灌—控—灌的原则，达到促、控、促的目的。按物候期生产上通常采用萌芽水、花后水、催果水、冬前水4个灌水时期。一般认为土壤最大持水量在60%～80%为果树最适宜的土壤含水量，当含水量在50%以下时，持续干旱就要灌水。亦可凭经验测含水量，如壤土和沙性土果园，挖开10cm的湿土，手握成团不散说明含水量在60%以上，如手握不成团，撒手即散则应灌水；中午高温时，看叶有萎蔫低头现象，过一夜后又不能复原，应立即灌水。

生产中可参考以下公式计算：灌水量（t）=灌水面积（m^2）×树冠覆盖率（%）×灌水深度（m）×土壤容重×［要求土壤含水量（%）−实际土壤含水量（%）］。灌水前，可在树冠外缘下方培土埂、建灌水树盘，通常每次灌水70～100kg/m^2，每个树盘一次灌水量为：3.14×树盘半径（m^2）×（70～100）kg；单位面积果园全部树盘的灌水量为：每个树盘一次灌水量×单位面积的棵数。生产实践中的灌水量往往高于计算出的理论灌水量，应注意改良土壤，蓄水保墒，节约用水。

三、灌水方法

1. 地面灌溉

常用的方法有树盘或树行漫灌、沟灌、穴灌等。

2. 地下灌水

在果园地面以下埋设透水管道，将灌溉水输送到根系分布区，通过毛细管作用湿润土壤的一种灌水方法。其优点是不占地，不影响地面操作，不破坏土壤结构，较省水，养护费用很低；缺点是一次性投资费用大。

3. 喷灌

喷灌比地面灌溉省水30%～50%，并有喷布均匀，减少土壤流失，调节果园小气候，增加果园空气湿度，避免干热、低温和晚霜对果树的伤害等特点，同时节省土地和劳力，便于机械化操作，但在风多、风大的地区不宜应用。由水源、进水管、水泵站、输水管道（干管和支管）、竖管、喷头组成，喷头将水喷射成细小水滴，像降雨一样均匀地洒布在果园的地面进行灌溉。

4. 滴灌

滴灌是将灌溉用水在低压管系统中送达滴头，由滴头形成水滴后，滴入土壤而进行灌溉，用水量仅为沟灌的1/5～1/4，为喷灌的1/2左右，而且不会破坏土壤结构，不妨碍根系的正常吸收，具有节省土地、增加产量、防止土壤次生盐渍化等优点。对提高果品产量和品质均有益，是一项有发展前途的灌溉技术，特别是在我国缺水的北方，应用前途广阔。

滴灌常结合果园水肥一体化技术实施，农业部2016年出台了《推进水肥一体化实施方案（2016—2020年）》，每行果树沿树行布置一条灌溉支管，借助微灌系统，在灌溉的同时将肥料配兑成肥液一起输送到作物根部土壤，确保水分和养分均匀、准确、定时定量地供应，为作物生长创造良好的水、肥、气、热环境。果树亩节水80～100m^3，节本增收200元以上。要重点开展墒情监测、水肥耦合、灌溉施肥制度、水溶肥料等关键技术及产品研发，促进科技成果转化，为水肥一体化快速发展提供有力支撑。

5. 穴贮肥水

山东农业大学束怀瑞院士研究与推广的一种果树施肥技术，适用于山地、坡地、滩地、沙荒地、干旱少雨的果园土壤的肥水管理，是一种节约用水、集中施用肥水和加强自然降水蓄水保墒的技术。一般可节肥30%，节水70%～90%。

在树冠下以树为中心，沿树盘埂壁挖深40cm左右、直径20～30cm的穴。用玉米秸、麦秸、杂草捆绑好后放在水及肥混合液中浸泡透，然后装入穴中，在草把周围土中混100g左右的过磷酸钙，草把上施尿素50～100g，用土填实，穴顶留小洼。最后每穴再浇水7～10kg，然后将树盘地面修平，以树干为中心覆以地膜，贴于地面，四面用土压好封严，并在穴的中心最佳处捅一孔，孔上压一石块，以利保墒。

穴贮肥水加地膜覆盖技术可以局部改善果园土壤的肥水供应状况，使1/4的根系能够生长在肥水充足而稳定的环境中。贮肥穴内的草把可作为肥水的载体，可以改善土壤的通透状况，增加土壤有机质含量，促进果树新根大量形成，增强根系吸收合成能力，树势健壮，产量高，质量好。

6. 改良版穴贮肥水

山东省招远市果业总站在旱地果园灌溉中，发明了一种新的果园节水灌溉方法，即“地下穴贮砖块控水保墒技术”，不仅可节水30%～60%，而且可使水分得以持续缓慢释放，减少沙地果园的水分渗漏，雨季可以吸蓄土壤中过多的水分。操作要点是果园春季土壤解冻后，按每棵树1～2个“肥水库”的比例，在果园树盘下沿行向挖长方形沟穴，将碎砖块在沟穴内沿行向垒成小墙壁，砖与砖之间留有缝隙，便于肥水进入砖墙内被砖块吸附，形成“肥水库”，砖墙高30～60cm，长可根据树冠大小而定。可在砖块中央插入注水管，注水管朝上并稍高出地面。将50g尿素、50～100g过磷酸钙、50～100g硫酸钾与土混匀，填入圆球状“肥水库”周围，覆土2cm，用脚踏实，然后覆盖地膜。通过漏斗将水由注水管灌入“肥水库”，每库灌水量10～20L。盖好注水管口，用作今后浇水施肥的进口。

四、灌水应注意的问题

1. 灌水与防止裂果

有些品种易发生裂果，与品种特性有关，但也与栽培技术有关，尤其与土壤水分状况有关，如油桃在果实迅速膨大期或久旱后灌水裂果更重。生产中尽量避免前期干旱缺水，后期大水漫灌。因为灌水对果肉细胞的含水率有一定影响，如果能保持稳定的含水量，就可以减轻或避免裂果。滴灌和渗灌是最理想的灌溉方式，它可为易裂果品种生长发育提供较稳定的土壤水分和空气湿度，有利于果肉细胞的平稳增大，减轻裂果；如果是漫灌，也应在整个生长期保持水分平衡，果实发育的第三期适时灌水，保持土壤湿度相对稳定；在南方要注意雨季排水。

2. 花期灌水易引起落花落果

花期灌水引起温度激烈变化，减慢根系的吸收作用，导致水分和营养供给不足，同时后枝梢生长过旺，加剧对养分的争夺，促进营养生长和生殖生长的矛盾，促使落花落果，加剧花后的生理落果。

3. 果实成熟期注意控制水分

果实成熟期前灌水，能促进果实增大，但果实风味变淡。

第三节　果树排水时期和方法

果树怕涝，当果园土壤长期积水，土壤中氧气含量太低，不能满足根系正常呼吸作用时，果树根系的正常生理活动受阻，根系的呼吸作用紊乱，有害物质含量积累，甚至导致树体死亡。研究表明，当土壤中氧气含量低于5%时，根系生长不良，低于2%～3%时根系就停止生长，呼吸微弱，吸肥、吸水受阻，造成白色吸收根死亡。在土壤中因积水而缺氧的状况下，产生硫化氢、甲烷类有毒气体，毒害根系而烂根，造成与旱象相类似的落叶、死树症状。秋雨过多将造成枝条不充实，并易患根腐病，积水易导致果树死亡，雨季要注意及时排水防涝。对一些晚熟品种，如中华寿桃、寒露蜜等，在采前1个月极易发生裂果，若在后期降水过多或久旱骤雨，裂果更为严重，要注意排水通畅，建园时必须设立排水系统。

一、排水不当造成的损害及灾后管理

（一）造成的损害

一是果树根系的呼吸作用受到抑制，降低对水分、矿物质的吸收能力。当土壤水分过多缺乏氧气时，迫使根系进行无氧呼吸，积

累乙醇造成蛋白质凝固，程度轻时，叶片和叶柄偏上弯曲，新梢生长缓慢，先端生长点不伸长或弯曲下垂。严重时可导致地上部叶片萎蔫、黄化并脱落，落花、落果甚至根系变黑褐枯死或植株死亡。二是土壤通气不良，妨碍微生物特别是好气微生物的活动，从而降低土壤肥力。三是在黏土中大量施用硫酸铵等化肥或未腐熟的有机肥后，如遇土壤排水不良，使这些肥料进行无氧分解，使土壤中产生一氧化碳、甲烷或硫化氢等还原性物质，这些物质严重影响根系和地上部的生长发育。

由于排水不良对果树的早期危害一般都是由缺氧引起的，因而任何一种有利于氧气向根系或还原性的根际土壤供应的反应都将有利于果树在淹水条件下的存活。这些反应主要有较好的空气运输系统、较大的根系孔隙度、皮孔增生和不定根的形成等。

（二）灾后管理

一是尽快排除园区积水，降低地下水位。二是及时疏松树盘淤积的土壤，并适当扒开根际土壤晾根2～3d，然后覆土回填。三是及时扶正倒伏树，清理断枝，并适度修剪，清洗枝叶上覆盖的淤泥。四是树体恢复生长后，用0.2%尿素+0.2%磷酸二氢钾进行叶面喷肥，每隔6～7d喷1次，连喷2～3次；及时增施腐熟有机肥和含磷钾高的复合肥。五是全园喷布25%吡唑醚菌酯乳油2 000倍液或60%百泰（唑醚·代森联）水分散粒剂1 500倍液或70%甲基硫菌灵可湿性粉剂700倍液或80%代森锰锌可湿性粉剂600倍液等；对于断枝截口及腐烂根系削平裂口，涂抹腐必清乳油原液或1.6%噻霉酮膏剂或843康复剂原液。

二、排水时间

一是多雨季节或一次性降雨过大造成果园积水成涝时，应挖明沟排水。二是在河滩地或低洼地建立的果园，雨季时地下水位高于果树根系分布层时，必须设法排水。可在果园开挖深沟，把水引出果园。排水沟应低于地下水位。三是土壤黏重、渗水性差或根系分布层下有不透水层时，易积涝成害，必须排水。四是盐碱地果园下层土壤含盐高，会随水的上升而到达表层，若经常积水，果园地表水分不断蒸发，下层水上升补充，造成土壤次生盐渍化。因此必须利用灌水淋洗，使含盐水向下层渗漏，汇集排除园外。

进行土壤水分测定是确定排水时间较准确的方法。此外，各种果树耐涝力的强弱也是是否进行排水的考虑因素。一般来说，桃、无花果的耐涝性弱，而葡萄耐涝性强，发现土壤过湿时，对不耐涝的果树先排水。我国幅员辽阔，南北雨量差异极大，雨量分布集中的时期也不相同，因此需要排水的情况也不相同。北方7—8月多涝，是排水的主要季节。

三、排水方法

1. 明沟排水

明沟排水系统是在地表每隔一定距离沿行向开挖的排水沟，是目前我国大量应用的传统方法，是在地表面挖沟排水，主要排除地表径流。在较大的种植园区可设主排渠、干排渠、支排渠和毛排渠4级，组成网状排水系统，排水效果较好。但明沟排水工程量大，占地面积大，易塌方堵水，养护维修任务重。山坡地果园依地势采用等高线挖排水沟，平地果园一般每行或每两行树挖一排水沟，将这些沟相连，把果园积水排除。

2. 暗管排水

暗管排水系统是在果园地下铺设管道，其构成方式与明沟排水相同，通常由干管、支管和排水管组成，形成地下排水系统，适用于土壤透水性较好的果园。容易积水的平地果园需筑高垄，垄顺行向，中心高，两侧低。垄两侧各开一排水沟，并与总排水沟接通，天旱时顺沟渗灌，涝时顺沟排水。暗沟排水不占地，不妨碍生产操作，排盐效果好，养护任务轻，但设备成本高，根系和泥沙易进入管道引起管道堵塞。

3. 井排

对于内涝积水地排水效果好，黏土层的积水可通过大井内的压力向土壤深处的沙积层扩散。

4. 机械排水

对于地势低洼积水、园外排水不畅的已挂果果园，在疏通园内、外排水沟渠基础上，要及时在果园周围筑起田埂，用抽水机将雨水抽出园外。

第四章　病虫害生态防控技术

果树病虫害的生态防控是现代果园管理的重要环节，综合运用抗性品种、栽培、物理、生物、化学等防控技术措施，提高果树的抗逆能力，压低病源、虫源基数，创造不利于有害生物生长和繁殖的果园生态环境，抑制病虫种群数量及其增长速度，这是病虫害生态防控的基础措施。牢固树立“预防为主、综合防治”的植保方针，从土壤环境健康开始，强化冬春季修剪、清园等农艺措施，加强健身栽培管理。提倡生草栽培，改善果园生态环境，保护利用天敌。优先应用生物农药，科学使用高效、低毒、低残留化学农药。提倡多种病虫同时兼治，减少用药次数。推广使用植保无人机、烟雾机、背负式静电喷雾器等高效植保机械。

第一节　主要病害及其综合防治技术

一、穿孔病

1. 为害症状

穿孔病是果园常见的病害，是一种分布广、传播快、为害严重的病害，可为害果树叶片、枝梢和果实，在多雨年份、多雨地区或上风口，发病重，易造成叶穿孔早落，新梢枯死，导致树体营养积累减少，从而影响花芽的形成，降低果品产量和质量，分为细菌性穿孔病、霉斑穿孔病及褐斑穿孔病，从发病情况看，以细菌性穿孔病为主，但近几年褐斑穿孔病呈上升趋势，希望引起果农的重视。

2. 发生特点

细菌性穿孔病是一种细菌性病害，病菌主要在被害枝条组织中越冬，果树开花前后，病菌从病组织中溢出，借风雨或昆虫传播，经叶片的气孔、枝条的芽痕和果实的皮孔侵入，春季溃疡是该病的主要初侵染源。气温19～28℃，相对湿度70%～90%有利于发病。该病的发生与气候、树势、管理水平及品种有关，温度适宜，雨水频繁或多雾季节利于病菌的繁殖和侵染，发病重。树势弱发病早且重，果园偏施氮肥、地势低洼、排水不良、通风透光差发病重。果树各品种中，一般早熟品种发病轻，晚熟品种发病重。

褐斑穿孔病是由核果尾孢霉引起的真菌性病害，以菌丝体在病残组织或潜伏在病枝梢组织内越冬，春季气温回升，降雨后产生分生孢子，借风雨传播，侵染叶片、新梢和果实，低温多雨利于病害的发生和流行。

霉斑穿孔病又称褐色穿孔病，是由嗜果刀孢菌引起的真菌性病害，霉斑穿孔病菌以菌丝体和分生孢子在病梢或芽鳞内越冬，产生分生孢子借风雨传播，先从幼叶上侵入，产出新的孢子后，再侵入枝梢或果实。低温多雨潮湿天气利于发病。

3. 防治方法

采取“预防为主、综合防治”的防治策略，在坚持统防统治的前提下，做好冬春季清园、萌芽前、落花后3个关键时期的合理施药防治。

（1）加强果园综合管理，强化健体栽培，增强树势，提高抗病能力。增施有机肥和磷钾肥，配方施肥，避免偏施氮肥，注意起垄栽培和加强排水。合理密度，重视修剪，注意果园通风透光，产量适中，以增强树势，提高抗病力。

（2）清除越冬菌源，结合冬季修剪，使树体通风透光良好，同时要彻底清除枯枝、病叶和落果，将其集中烧毁或深埋，以消灭越冬菌源。

（3）发芽前仔细喷一遍3～5°Bé石硫合剂，混加60%五氯酚钠可湿性粉剂300倍液，杀灭越冬病菌。

（4）发芽后及时喷50%福美双可湿性粉剂500～800倍液或20%噻菌铜800倍液、3%中生菌素600～800倍液、20%噻枯唑500倍液、12.5%绿乳铜乳油600倍液、20%噻唑锌500倍液、4%宁南霉素600倍液、33.5%喹啉铜悬浮剂2 000倍液、50%代森铵乳油700倍液进行防治。

（5）落花后及时喷70%代森锰锌可湿性粉剂500倍液或30%苯醚甲环唑·丙环唑3 000倍液、10%苯醚甲环唑水分散粒剂1 500～2 000倍液、60%吡唑醚菌酯·代森联1 500～2 000倍液。

（6）发病初期也可采用20%噻菌铜800倍液+10%苯醚甲环唑1 500倍液混合防治，间隔7～10d，共防2～3次。注意发病后期要慎用。

二、流胶病

流胶病分为侵染性和非侵染性两种类型，病树树势衰弱，缩短结果年限，早衰早亡。桃、杏、李等普遍发生的病害，近年在苹果园等也时有发生。

1. 为害症状

侵染性流胶病主要发生在枝干上，也可为害果实。一年生枝染病，初时以皮孔为中心产生疣状小突起，后扩大成瘤状突起物，上散生针头状黑色小粒点，第二年5月病斑扩大开裂，溢出半透明状黏性软胶，后变茶褐色，质地变硬，吸水膨胀成胨状胶体，严重时枝条枯死。多年生枝受害产生水泡状隆起，并有树胶流出，受害处变褐坏死，严重者枝干枯死，树势明显衰弱。果实染病，初呈褐色腐烂状，后逐渐密生粒点状物，湿度大时粒点口溢出白色胶状物。侵染性流胶病1年有两个发病高峰，第一次在5月上旬至6月上旬，第二次在8月上旬至9月上旬，以后就不再侵染为害，病菌侵入的最有利时机是枝条皮层细胞逐渐木栓化，皮孔形成以后，因此防治此病以新梢生长期为好。

非侵染性流胶病为生理性病害，发病症状与前者类似，冻害、病虫害、雹灾、冬剪过重、施肥不当、土壤黏重、机械伤口多且大都会引起生理性流胶病发生。此外结果过多，树势衰弱，也会诱发生理性流胶病发生。

2. 防治方法

在生产实际中防治此病应以农业防治与人工防治为主，化学防治为辅，化学防治主要控制孢子的飞散及孢子的侵入发病的两个高峰期。

（1）加强肥水管理，增施有机肥，注意科学管理，增强树势，提高抗病性能。

（2）调节修剪时间，减少流胶病发生。果树生长旺盛，生长量大，生长季节进行短截和疏枝修剪，人为造成伤口，遇高温高湿环境，伤口容易出现流胶现象。生长期修剪改为冬眠修剪，虽然冬季修剪同样有伤口，但因气温较低，空气干燥，很少出现伤口流胶现象。因此，生长期采取轻剪，及时摘心，疏删部分过密枝条。主要的疏删、短截、回缩修剪等到冬季落叶后进行。

（3）消灭越冬菌源。冬季清园消毒，刮除流胶硬块及其下部的腐烂皮层及木质，集中焚毁，萌芽前，树体上喷5°Bé石硫合剂，杀灭活动的病菌。树干、大枝涂白，减少流胶病发生，预防冻害、日烧发生，封冻前用1∶4∶0.5∶20的硫酸铜∶石灰∶植物油∶水的混合液涂刷枝干效果也较好。

（4）及时防治虫害，减少流胶病的发生。4—5月及时防治天牛、吉丁虫等害虫侵害根茎、主干、枝梢等部位发生流胶病，防治桃蛀螟幼虫、卷叶蛾幼虫、梨小食心虫、椿象等为害果实出现流胶病。

（5）生长季适时喷药。3月下旬至4月中旬是侵染性流胶病弹出分生孢子的时期，可结合防治其他病害，喷1 200倍液甲基硫菌灵进行预防。5月上旬至6月上旬、8月上旬至9月上旬为侵染性流胶病的两个发病高峰期，在每次高峰期前夕，每隔15d喷1次75%百菌清500倍液或70%甲基硫菌灵700倍液或40%氟硅唑5 000倍液、50%腐霉利可湿性粉剂2 000倍液防治果实及叶片病害，同时喷布枝干，可兼治流胶病。

（6）刮疤涂药。发芽前后刮除病斑，涂抹杀菌剂。流胶严重的枝干秋冬进行刮治，伤口用5～6°Bé石硫合剂或100倍液硫酸铜液消毒。

三、腐烂病

1. 为害症状

腐烂病又名干枯病、胴枯病，属于真菌性病害。主要为害枝干，造成树皮腐烂，导致枝枯树死。发病初期症状不明显，外观不易识别，常延误防治，病部稍凹陷，椭圆形，外观呈紫红色，溢出米粒大的胶点。发病中后期病部微显肿胀，病组织有酒糟味，胶点增多，流胶量增加，发病严重时，枝干遍体流胶。病部组织深达木质部，腐烂，湿润，黄褐色。后期树皮下陷干燥，病部边缘有裂纹，皮下可见黑色粒点，潮湿时产生橘红色丝状物。细枝干枯并有黑粒点。

2. 发生特点

该病以菌丝体、子囊壳和分生孢子器在病组织内越冬，3—4月分生孢子从分生孢子器中溢出，借风雨和昆虫传播，从皮孔和伤口侵入，冻伤造成的伤口是病菌侵入的主要途径，从早春到晚秋均可发病，以4—6月发病最重，树势衰弱、管理粗放、偏施氮肥、地势低洼积水的果树发病重。

深度溃疡型：主要在树皮上出现红褐色、水渍状、微隆起、圆形至长圆形病斑。春季病斑质地松软，容易撕裂，手压凹陷，并流出黄褐色汁液，有酒糟味。进入夏季，随着温度升高，病斑干缩，边缘有裂缝，病皮长出小黑点。潮湿时小黑点喷出金黄色的卷须状物。

表面溃疡型：主要发生在夏季，发病初期，落皮层上出现稍带红褐色、稍湿润的小溃疡斑。边缘不整齐，一般2～3cm深，指甲大小至几十厘米，随着病情的发展病斑逐渐扩大，病斑出现腐烂。发病后期病斑干缩呈饼状。晚秋以后形成溃疡斑。

枝枯型：主要发生在2～5年生主枝上，发病初期，枝干上出现边缘不清晰的灰褐色病斑，病斑不隆起，不呈水渍状，随着病情的发展，病斑绕茎一周后，造成病斑以上部分失水干枯，在潮湿条件下病斑处密生小黑粒点。

3. 防治方法

（1）加强栽培管理，增强树势。应针对性地增强树势，增施有机肥料，合理氮、磷、钾肥，合理修剪，合理负载，低洼果园雨季注意排水，及时防治蛀干病虫，提高树体抗寒、抗病能力。

（2）清除病源。冬季修剪后保护剪口，防止病菌侵染。彻底清除枯枝落叶、病枝、病皮，集中处理，减少侵染来源。

（3）防止冻害和日灼。通过树干涂白或树干捆绑草把减轻冻害，涂白剂的配比是：生石灰12～13kg+石硫合剂原液（20°Bé左右）2L+食盐2kg+清水36kg，或生石灰10kg+豆浆3～4L+清水10～50kg。

（4）刮治病斑。从2—3月起应经常检查枝干，如发现病斑，应及时刮治。细心并彻底地刮除变色病皮，彻底刮除病皮是防治成功的关键措施，然后涂抹消毒剂和保护剂。可用43%戊唑醇悬浮剂+黏泥土配制成糊剂，也可用1%戊唑醇糊剂，将药剂均匀涂抹在已经刮除病斑部位，涂抹最好超出病斑边缘2cm。也可用70%的甲基硫菌灵可湿性粉剂和植物油按1∶2.5的比例混匀，涂抹病部，对治愈病斑有较好的效果，也可涂抹843康复剂原液等，以防止病疤复发。也可用腐殖酸铜原液、1.8%辛菌胺醋酸盐水剂100～200倍液、2%嘧啶核苷类抗生素水剂10～30倍液等药剂。

四、疮痂病

疮痂病又名黑星病、黑痣病。在各果树产区普遍发生，主要为害果实，发病时，病果表面出现黑点甚至发生龟裂，严重影响商品价值，影响果实外观和销售。

1. 为害症状

疮痂病的病原为嗜果枝孢菌，属半知菌亚门真菌。主要为害果实，也为害枝梢和叶。果实发病初期，果面出现暗绿色圆形斑点，逐渐扩大，至果实近成熟期，病斑呈暗紫色或黑色，略凹陷，直径2～3mm。病菌扩展局限于表层，不深入果肉。发病严重时，病斑密集，聚合连片，随着果实的膨大，果实龟裂；枝梢发病出现长圆形斑，起初浅褐色，后转暗褐色，稍隆起，常流胶，病健组织界限明显。第二年春季，病斑表面产生绒点状暗色分生孢子丛；叶子被害，叶背出现暗绿色斑。病斑较小，很少超过6mm。在中脉上则可形成长条状的暗褐色病斑。病斑后转褐色或紫红色，组织干枯，形成穿孔。发病严重时可引起落叶。

2. 发生特点

病菌以菌丝体在枝梢的病组织内越冬，第二年4—5月产生分生孢子，随风雨、雾滴、露水传播，从侵入到发病，病程较长，果实为40～70d，新梢、叶片为25～45d，一般仲夏之后发病，北方地区果实发病一般从6月开始，7—8月为发病盛期，早熟品种发病轻，中晚熟品种发病重，病菌发育最适温度20～27℃，多雨潮湿的年份或地区发病均较重，地势低洼或栽植过密而较郁闭的果园发病较多。不同品种对疮痂病的敏感性有差异，如油桃发病重于毛桃。

3. 防治方法

（1）清除初侵染源，结合冬剪，去除病核、僵果、残桩，烧毁或深埋。生长期剪除病枝、枯枝，摘除病果。

（2）加强管理，注意雨后排水，合理修剪，防止枝叶过密。在果园铺地膜，可明显减轻发病。

（3）果实套袋，落花后3～4周后进行套袋，是防治该病的一种有效方法。

（4）药剂防治，发芽前喷布5°Bé石硫合剂，落花后半个月，喷洒60%吡唑醚菌酯·代森联水分散粒剂1 000倍液或3%中生菌素可湿性粉剂600倍液或70%代森锰锌可湿性粉剂500倍液或70%甲基硫菌灵可湿性粉剂1 000倍液或50%多菌灵600～800倍液或40%福星乳油6 000～8 000倍液或65%代森锌可湿性粉剂500倍液，最好不要重复单一药品，要交替使用，喷药要细致周到。

五、褐腐病

褐腐病又称菌核病、灰腐病、果腐病，在各产区发病均重，是为害果树的重要病害之一。

1. 为害症状

褐腐病菌常见有两种，一种是果生链核盘菌，另一种是核果链核盘菌，属子囊菌亚门核盘菌中的真菌。病部长出的霉丛即病菌的分生孢子梗和分生孢子。对低温抵抗力较强，病菌发病适宜温度为21～27℃。多雨、多雾的潮湿气候有利于发病。

（1）果实发病症状。该病为害果树的花、叶、枝梢及果实，以果实受害最重，从幼果到成熟期均能发病，尤其是接近成熟期发病最重。发病初期在果面产生褐色圆形小斑，斑部果肉腐烂很快，果肉变褐软腐，继而病斑上出现质地紧密而隆起的黄白色或灰色绒球状霉丛，起初呈同心轮纹状排列，很快就布满全果，引起落果。烂病果除少数脱落外，大部分腐烂后的果实因失水干缩而成褐色僵果挂于树上，经久不落。僵果是一个假菌核，是病菌越冬的重要场所。

（2）花受害症状。花朵受害自雄蕊及花瓣尖端开始，先发生褐色水渍状斑点，后渐延至全花，随即变褐而枯萎。天气潮湿时，病花迅速腐烂，表面丛生灰霉；若天气干燥时则萎垂干枯，残留枝上，长久不脱落。

（3）嫩叶受害。自叶缘开始变褐，很快扩至全叶，致使叶片枯萎，残留于枝上。

（4）枝条受害。多由染病的花梗、叶柄及果柄蔓延所致，在枝条上产生长圆形、灰褐色、边缘紫褐色的溃疡斑，中间稍凹陷，初期病斑常有流胶，当病斑扩展并环绕枝梢一周时，病斑以上枝条枯死，天气潮湿时，病斑上长出灰色霉层。

2. 发生特点

病菌在僵果和被害枝的病部越冬。第二年春季气温上升后产生大量孢子，借风雨、昆虫传播，由气孔、皮孔、伤口侵入，引起初次侵染。分生孢子萌发产生芽管，侵入柱头、蜜腺，造成花腐，再蔓延到新梢。病果在适宜条件下病部表面产生大量分生孢子，引起再侵染。贮藏果与病果接触也引发病害。花期低温、潮湿多雨，易引起花腐。果实成熟期温暖多雨雾易引起果腐。病虫伤、冰雹伤、机械伤、裂果等表面伤口多，会加重该病的发生。树势衰弱，管理不善，枝叶过密，地势低洼的果园发病常较重。果实贮运中如遇高温、高湿，利于病害发展。一般凡成熟后果肉柔嫩、汁多味甜、皮薄的品种较表皮角质层厚、果实成熟后组织坚硬的品种易感病。

3. 防治方法

（1）消灭越冬菌源，结合修剪做好清园工作，彻底清除僵果、病枝，集中烧毁，或将地面病残体深埋地下。

（2）及时防治害虫，减少伤口。对食心虫、椿象、叶蝉、蚜虫等害虫，应及时喷药防治。

（3）药剂防治，发芽前喷布5°Bé石硫合剂；在开花前喷施一次50%的多菌灵可湿性粉剂600倍液，初花期可选用25%吡唑醚菌酯2 500倍液，25%肟菌酯2 500倍液，80%代森锰锌可湿性粉剂500倍液，或70%甲基硫菌灵800倍液等均匀喷雾1次；花后10d左右喷布2～3次杀菌剂，如50%腐霉利1 000倍液、20%嘧菌酯悬浮剂800～1 000倍液、70%甲基硫菌灵800～1 000倍液等，间隔期15d左右。果实套袋前要喷施1～2次药，可选用多菌灵、甲基硫菌灵、代森锰锌及三唑类等药剂，尽量喷到果面上；采果前30d喷75%百菌清可湿性粉剂800～1 000倍液，或80%代森锰锌可湿性粉剂及50%多菌灵悬浮剂600～800倍液。

（4）往年褐腐病发生较重的不套袋果园，在果实近成熟期喷药保护，是防治该病发生的最有效措施，特别是风雨后喷药尤为重要。一般从采收前1个月（中熟品种）至1.5个月（晚熟品种）开始喷药，10～15d喷1次，连喷2次，即可有效控制褐腐病的发生为害。

六、软腐病

软腐病多发生在桃、猕猴桃等果树，既有生理性的原因，也有侵染性的原因，侵染性的软腐病只为害成熟期的果实，贮运期间发病重。

1. 为害症状

多以伤口为中心开始出现病斑，发病初期形成近圆形浅褐色腐烂病斑，略凹陷；病斑逐步扩大，成为近圆形浅褐色软腐，明显凹陷，并从中央开始产生黑褐色霉层。病斑扩展速度快，果实很快出现大部分或全部软腐，最后形成黑褐色“霉球”。

2. 发生特点

（1）病原菌在自然界广泛存在，借气流传播，主要从伤口侵入，另外还可通过病健果接触传播。果实近成熟时受伤是导致该病发生的主要因素，高温下贮运果实发病严重。

（2）缺钙容易造成生理性软腐，果树对钙特别敏感，缺钙不但出现腹线处变软、腐烂，就整个果子来讲硬度也降低，口味变坏，耐贮力下降。钙的吸收有两种方式，一是根吸收，二是叶面吸收，近年来有的果农大量使用未腐熟的有机肥，尤其是鸡粪之类，有机肥未经发酵，施入土壤以后，在发酵过程中产生大量热量，将嫩的吸收根烧坏，大大影响了根的吸收能力，使树体变弱早衰，影响了钙的吸收。另外大量使用或冲施高钾水溶肥也容易引起缺钙。

3. 防治方法

（1）加强果园管理，增施有机肥和磷、钾肥，适时浇水，使果实发育良好，减少裂果和病虫损伤；在果实套袋、摘袋、夏剪、采摘中要仔细，避免果实碰伤；成熟的果实要及时采摘；最好低温贮运，并尽量减少机械损伤，以利控制病害。

（2）生长期特别是生长后期注意防治蛀果害虫及果实病害。在果实采摘前7～10d喷药1次，可用65%代森锌可湿性粉剂500倍液，或70%甲基硫菌灵800倍液或50%多菌灵600～800倍液，或50%琥胶肥酸铜可湿性粉剂500倍液，或14%络氨铜水剂300倍液，都有极好的防治效果。套袋果解袋后1d内（最长不超2d）喷上述药1次。采摘期长的品种在第一次药后10d喷第二次，也可以适当地进行果实补钙。补钙可提高果实硬度，增强抗病力。

七、炭疽病

炭疽病是果树的主要病害之一，为真菌性病害。炭疽病对中后期的果实，尤其是即将成熟的果实为害最大，同时对果树的叶片、新梢、枝条发生为害。

1. 为害症状

病原菌属半知菌亚门真菌。病菌在寄主表皮下形成分生孢子盘，分生孢子梗集生其内。分生孢子梗无色，丝状，很少分枝，分生孢子椭圆形至长卵形。发病温度12～32℃，最适温度25℃，致死温度48℃。

炭疽病主要为害果实，也能侵害叶片和新梢。幼果期发病，初为淡褐色水渍状斑，后随果实膨大呈圆形或椭圆形红褐色斑，中心凹陷。气候潮湿时，在病部长出橘红色小粒点。幼果染病后停止生长，最后病果软腐脱落或形成僵果残留树上；成熟期果实染病，初呈淡褐色水渍状病斑，渐扩展成红褐色凹陷斑，上有同心环状皱缩，并融合成不规则大斑，病果脱落。有的病斑干缩，出现裂果，常在果顶处发生，病果多数脱落，少数残留树上；新梢上的病斑呈长椭圆形褐色凹陷病斑。病梢侧向弯曲，病梢上叶片纵卷呈筒状，严重时枝梢常枯死。叶片染病产生浅褐色圆形或不规则形灰褐色病斑，边缘清晰，斑上产生橘红色至黑色粒点。

2. 发生特点

炭疽病病菌以菌丝在病枝、病果中越冬，第二年遇适宜的温湿条件，即当平均气温达10～12℃，相对湿度达80%以上时开始形成孢子，借风雨、昆虫传播侵染果枝，形成第一次侵染。以后于新生的病斑上产生孢子，引起再次侵染，陆续侵染果实，该病为害时间长，在整个生育期都可侵染。果园湿度是影响发病的主要因素，雨水是传病的主要媒介，阴雨连绵、天气闷热时容易发病，因此在阴雨连绵或暴雨后常有一次暴发。园地低洼、土壤黏重、排水不良、树冠郁闭、树势衰弱和偏施氮肥等均利于发病。据张承胤等（2012）观察，枝上有病僵果，其果实成片地呈圆锥状由上向下发病，这是雨媒传播病害的特征。

3. 防治方法

（1）合理建园，切忌在低洼、排水不良的黏质土壤地段建园，同时要起垄栽植。

（2）加强栽培管理，多施有机肥和磷肥、钾肥，促使果树生长健壮，提高抗病力，适时夏剪，改善树体结构，通风透光。做好开沟排水工作，防止雨后积水，以降低园内湿度。

（3）冬季或早春做好清园工作，剪除病枝梢及残留在枝条上的僵果，并清除地面落果。在花期前后，注意及时剪除陆续枯死的枝条及出现卷叶症状的果枝，集中烧毁或深埋，这对防止炭疽病的蔓延有重要意义。

（4）套袋，果实套袋前要喷施1～2次药，尽量喷在果面上。

（5）萌芽前喷3～5°Bé石硫合剂，铲除病原。在花前、花后和幼果期及时喷药2～3次，使用45%咪鲜胺微乳剂1 500倍液、75%百菌清800～1 000倍液、80%炭疽福美500倍液（发病前用）、70%甲基硫菌灵500～800倍液、25%嘧菌酯悬浮剂800～1 000倍液、50%异菌脲2 500倍液、12.5%腈菌唑2 000～2 500倍液、10%苯醚甲环唑1 000～1 500倍液等药剂，进行交替喷施防治，每次间隔10～15d。

八、缩叶病

缩叶病是为害桃、李、樱桃树的一种真菌性病害，特别是早春阴雨低温时间长，发病严重。桃树早春发病后，引起初夏的早期落叶，夏芽生长，枝条不充实，不仅影响当年产量，而且还严重影响第二年的花芽形成。如连年落叶，则树势削弱，导致过早衰亡。

1. 为害症状

缩叶病病原物为畸形外囊菌，病菌主要为害果树幼嫩部分，以侵害叶片为主，严重时也可为害花、嫩梢和幼果。春季嫩梢刚从芽鳞抽出时幼叶就呈现卷曲状，颜色发红。随叶片逐渐开展，卷曲皱缩程度也随之加剧，叶片增厚变脆，并呈浅黄色至红褐色，叶缘向后卷，严重时全株叶片变形，枝梢枯死。春末夏初在叶表面生出一层灰白色粉霜状物，即病菌的子囊层。最后病叶变褐，焦枯脱落后，腋芽常萌发抽出新梢，新叶不再受害。枝梢受害后呈灰绿色或黄色，较正常的枝条节间短，而且略为粗肿，其上叶片丛生，严重时整枝枯死。花果受害，多半脱落，花瓣肥大变长，病果畸形，果面常龟裂。

2. 发生特点

病菌主要以厚壁芽孢子在叶鳞片上越冬，亦可在枝干的树皮上越冬，第二年春天树萌芽时，孢子萌发，直接穿透嫩叶表面侵入或从气孔侵入嫩叶或新梢，然后在叶片组织内生长蔓延，刺激细胞分裂，促进细胞膨大和细胞壁加厚，致使叶片肥厚皱缩。该病只有初侵染没有再侵染，该病害在春季果树展叶后开始发生，4—5月继续发展，6月以后气温升高发病减缓，发病渐趋停止。春季低温多湿有利于发病，如果连续降雨，气温在10～16℃时，发病尤为严重，当气温升高至21℃以上时发病减缓。一般湖畔、潮湿地区发病重，早熟品种发病重。

3. 防治方法

（1）加强果园管理，提高树体抗病能力，在病叶初见而未形成白粉之前及时摘除病叶、病果，并集中烧毁（一定要烧毁或深埋），可减少越冬菌源。发病较重的果树，由于叶片大量焦枯和脱落，应及时增施肥料，加强栽培管理，促使树势恢复，以免影响当年和第二年的产量。

（2）药剂防治，缩叶病菌自当年夏季到第二年早春树萌芽展叶前营芽殖生活，不侵入寄主，所以药剂防治缩叶病具有明显的效果。但是用药的时间要恰当，过早过晚效果都不好。掌握在花芽露红（未展开）时，喷洒一次2～3°Bé的石硫合剂，或45%晶体石硫合剂稀释100倍液，或1∶1∶100的波尔多液（发芽后禁止使用），或40%咪鲜胺800～1 000倍液，或50%多菌灵或70%甲基硫菌灵500～800倍液，或10%苯醚甲环唑600倍液等，对清除树上越冬病菌的效果很好，但喷药一定要周到细致，使全树的芽鳞和枝干都黏附药液，一般不需再喷药，但遇到冷凉多雨天气，有利于病菌侵染，可以再喷50%的多菌灵可湿性粉剂400～500倍液1次。

九、白粉病

白粉病是耐干旱的植物真菌病害，一般在温暖干旱气候下严重发生。在温室高湿情况下尤其是苗期很容易蔓延。各栽培区均有发生。

1. 为害症状

白粉病主要为害叶片、新梢，有时为害果实。叶片染病后，叶正面产生褪绿性的边缘极不明显的淡黄色小斑，斑上生白色粉状物（分生孢子和菌丝、分生孢子梗），斑叶呈波浪状。夏末秋初时，病叶斑上常生许多黑色小点粒（子囊果），病叶常提前干枯脱落。果实以幼果较易感病，病斑圆形，被覆密集白粉状物，果形不正，常呈歪斜状。

2. 发生特点

病菌菌丝以寄生状态潜伏于寄主组织上或芽内越冬。子囊果是白粉病越冬的重要形态，一般在落叶上休眠存活。第二年早春寄主发芽至展叶期，以分生孢子和子囊孢子随气流和风传播形成初侵染，分生孢子在空气中即能发芽，一般产生1～3个芽管（吸器），随即伸入寄主体内吸取养分，以外寄生形式于寄主体表营寄生生活，并不断产生分生孢子，形成重复侵染。夏末秋初于寄主体表产生子囊果，初为白色至黄色，成熟后呈黑褐色至黑色。白粉病分生孢子借气流或风雨传播，分生孢子萌发最适宜温度为20～25℃，限温为10～30℃，温度在16～24℃时发病最为严重。周边果园病菌会散发或飘落到嫩叶上侵染为害。

白粉病在一般年份以幼苗发生较多、较重，大树发病较少，为害较轻；果园密集通风不良，管理粗放的园片病害发生重；砧木品种间感病差异很大，如新疆毛桃抗性最差，发病最重。白粉病菌对硫及硫制剂很敏感。白粉病的防治应抓住以下3个关键期，一是鳞片开绽期药剂容易均匀展着，防治效果极佳；二是花序分离期，幼叶、花苞完全暴露，药剂能均匀展着，防治效果好；三是花后一周，喷药也会取得良好效果。

3. 防治方法

（1）栽培措施。合理密植，疏除过密枝和纤细枝，增施有机肥，结合冬剪，发芽前彻底清除果园落叶，集中烧毁。发病初期及时摘除病果，深埋。棚室草莓可用硫黄熏蒸效果好。

（2）药剂防治。芽膨大前期喷洒5°Bé石硫合剂，消灭越冬病原。发病初期及时喷洒50%硫悬浮剂500倍液或50%多菌灵可湿性粉剂800～1 000倍液、20%粉锈宁乳油（或粉剂）3 000倍液、50%甲基硫菌灵800倍液等均有较好防效。0.3°Bé石硫合剂对该病防治效果较好，但夏季气温高时应停用，以免发生药害。

常用的药剂还有2 000亿cfu/g枯草芽孢杆菌可湿性粉剂2 000倍液、0.8%大黄素甲醚悬浮剂800～1 000倍液、0.5%小檗碱水剂400～500倍液、1%蛇床子素水乳剂800～1 000倍液、1.5%苦参·蛇床素水剂1 000倍液、30%唑醚·戊唑醇悬浮剂2 000倍液、

300g/L醚菌酯·啶酰菌胺悬浮剂2 000～3 000倍液、70%甲硫·乙嘧酚可湿性粉剂2 000～3 000倍液、10%苯醚甲环唑水分散粒剂1 500～2 000倍液、30%吡唑醚菌酯悬浮剂4 000～6 000倍液、5%己唑醇悬浮剂700～1 000倍液、20%三唑酮乳油1 500倍液、12.5%腈菌唑乳油2 500～3 000倍液等杀菌剂，发病重时，可于10～20d后再喷1次，注意轮换用药。

十、根癌病

根癌病又称冠瘿病、根头癌肿病，是一种世界性病害，寄主范围十分广泛，据统计能侵染桃、梨、苹果、葡萄、柿、李、杏、樱桃、栗、核桃、枣、菊等138科1 193种植物。寄生于寄主植物根部，形成冠瘿，削弱树势。严重时也有致果树死亡的情况。

1. 为害症状

根癌病由根癌农杆菌引起，属细菌。菌体短杆状，鞭毛单极生，无芽孢。发育最适温度22℃，最高34℃，最低10℃，致死温度为51℃ 10min，最适pH值为7.3。

根癌病主要发生在根茎部，也发生于侧根或支根，受害部位形成癌瘤，其中尤以从根茎长出的大根形成的癌肿瘤最为典型。癌瘤大小不一，初生时乳白色或微红色，光滑，柔软，后渐变褐色乃至深褐色，表明粗糙或凹凸不平，瘤体木质化而坚硬。苗木受害后发育受阻，生长缓慢，植株矮小，严重时叶片黄化，早衰。成年果树受害，表现为植株矮小，叶色浅黄，结果少，果小，树龄缩短。

2. 发生特点

病菌在癌瘤组织中和附近的土壤中越冬，病菌可在土壤中的病残体内存活1年以上。雨水、灌溉水、地下害虫、线虫等是传播的主要载体，苗木带菌是远距离传播的主要途径。病菌主要从嫁接口、虫伤、机械伤及气孔侵入寄主，入侵后即刺激周围细胞加速分裂，导致形成癌瘤。碱性土壤，土壤湿度大、黏重、排水不良，有利于侵染和发病。耕作、施肥或地下害虫为害，使根部受伤，也有利于病菌侵入，增加发病概率。最适发病温度为22℃、土壤湿度为60%、最适pH值为7.3，传播易、治愈难、为害大，可使生产遭受巨大损失。

3. 防治方法

（1）培养优质苗木，避免重茬，应选择无病菌污染的地块作苗圃；积极推广抗性砧木如筑波4号、筑波5号，嫁接苗木最好采用芽接法，以避免伤口接触土壤，减少感病机会，嫁接工具使用前后须用75%酒精消毒；苗圃起苗时应把病苗淘汰，移栽时应选用健全无病的苗木，这是控制病害传入果园的重要措施。严禁病区和集市的苗木调入无病区，认真做好苗木产地检验消毒工作，防止病害传入新区。发现病株及时清除焚毁，对病点周围土壤彻底消毒处理，防止病害扩展蔓延。

（2）对于输出的苗木或外来的苗木，都应在未发芽前将嫁接处以下的部位，用1%硫酸铜浸5min，再移浸于2%石灰水中1min，或在栽植前用拌有K84菌剂的泥浆蘸根后栽植。

（3）发现根癌后先用刀彻底切除癌瘤，然后用稀释100倍硫酸铜溶液或1～3倍K84消毒切口，再外涂波尔多液保护。

（4）加强土壤管理，合理施肥，改良土壤，增强树势。病原菌喜在偏碱性环境中生长，碱性土壤应适当施用酸性肥料或增施有机肥，如绿肥等，以改变土壤反应，使之不利于病菌生长，同时注意以往传统上用偏碱性药物，如石硫合剂等处理土壤防病的措施是不妥的。

十一、溃疡病

溃疡病是果树种植期间常见病害，属于细菌性病害，近几年发生趋势变重，需要引起高度重视。

1. 为害症状

溃疡的发病范围广、为害大。感病轻者树势衰落、落叶及果实发育畸形，影响产量和质量，重者使短枝枯萎，整枝甚至整株死亡。春季萌芽展叶后，被侵染的一年生小枝枝尖、小枝或短枝干枯死亡，侵染幼叶和芽会导致芽蔟死亡。侵染叶片后叶片短时不褪色，天气低温潮湿时，叶片出现褐色斑点进而穿孔。侵染幼果可使果面形成凹陷斑。主干和二年生以上大枝染病后形成溃疡，溃疡病斑活动扩展时渗出琥珀色树胶。主干与大枝之间形成夹皮角也易出现流胶。主干和大枝流胶使树体或大枝严重衰弱，甚至死亡。

2. 发生特点

致病细菌在溃疡边缘皮层组织内越冬，偶尔还在健康芽和维管束越冬。春季，细菌在越冬场所繁殖，在6℃的低温下即可进行侵染，雨水可使病原物迅速散布到花和幼叶等易感组织上。致病菌可以从开花到秋天落叶无症状寄生。在秋天落叶后，细菌通过新落叶斑痕进入树体内，多数情况下主要以侵染主干和叶片为主，早春展叶开花后，天气干旱，温度上升缓慢易侵染新梢，上一年冬季树体发生过冻害或树势衰弱或负载量过大更容易被侵染而发病，冬天的冻害、春季的霜害以及寒冷潮湿的天气或开花萌芽期暴风雨都会引起细菌溃疡病的发生。冻害可使组织易感病，融雪过程中潮湿的天气是诱发病害发生的条件。暴风雨使叶片感染之前，至少需要24h的高相对湿度和叶片表面结露。温度达到21～25℃时感病症状在5d之后出现。当温度超过25℃、天气干燥、相对湿度低，可使寄主组织内细菌数量迅速减少。温度超过35℃，植株组织内生存细菌数量大量减少。在大多数情况下，枝干等被侵染产生的溃疡部位还会被另一种次生的半知菌亚门壳囊胞属的苹果腐烂病菌再次侵染。因此溃疡病的发病菌类复杂，既有真菌又有细菌，相互交织，使防治难度加大，这也是目前该病难于根治的主要原因所在。

3. 防治方法

（1）坚持“预防为主，综合防治”的原则，以健身栽培和清园为基础，以减少细菌入侵为核心，抓住发芽前清园和花后两个关键时期进行药剂防治。落叶后、发芽前后及时清园，清扫地面落叶、僵果，集中烧毁，并结合翻耕树盘，消灭越冬菌源。雨后及时排水，严防湿气滞留，并及时疏除过密枝，改善树冠通风透光条件，降低果园湿度。果树发芽前（萌芽期），全树均匀喷布3~5°Bé石硫合剂或1.8%辛菌胺醋酸盐500~1 000倍液、50%氯溴异氰尿酸1 000倍液等。休眠期树干涂抹1次3~5°Bé石硫合剂，或采用王铜等铜制剂均匀喷施树体，减少越冬病虫基数。对果园使用的农具、剪锯口、嫁接口等，用75%酒精进行表面消毒。

（2）依据品种特性、树龄、气候和果园肥力条件，合理整形、修剪和负载，保持树势健壮和园内良好的通风透光条件。秋季施用腐熟家畜粪肥、生物有机肥、油渣等，力争做到“斤果斤肥（有机肥）”，生长季节行间种植长柔毛野豌豆、鼠茅草、紫花苜蓿等绿肥植物，增加土壤有机质含量；同时叶面喷施微生物菌剂2~3次，地下根施微生物菌肥等60~100kg/亩，增强树体抗病力。

（3）药剂防治。病害发生后结合夏季修剪及时剪除病枝梢带出园外集中处理，并于采果后及时喷细菌性杀菌剂，首次最晚喷布在9月下旬，以后每隔2周喷1次，连喷4次。及时刮除大枝和主干上的流胶溃疡斑，涂抹过氧乙酸10~20倍液。常用的细菌性杀菌剂抗生素类的有中生菌素、春雷霉素、四霉素、宁南霉素等，铜制剂类有噻菌铜、喹啉铜，还有一些药剂，比如乙蒜素、氯溴异氰尿酸、叶枯唑、噻唑锌、辛菌胺醋酸盐、噻唑锌、过氧乙酸等。

核果类作物（桃、杏、李、大樱桃等）极易被细菌侵染为害，每遍喷药时一定要真菌性药物和细菌性药物合并使用，杀真菌的药物不能杀灭细菌，一定要有针对性地加入细菌性药剂才可全面防控。

第二节　主要虫害及其综合防治技术

一、蚜虫

为害果树的蚜虫主要有桃蚜、桃粉蚜、桃瘤蚜。

1. 为害症状

以成蚜、若蚜群集在果树新梢和嫩叶背面刺吸汁液，被害部分呈现小的黑色、红色和黄色斑点，使叶片逐渐变白，向背面扭曲卷成螺旋状，引起落叶，严重抑制新梢生长，影响产量及花芽形成，削弱树势；蚜虫为害刚刚开放的花朵，刺吸子房，吸收营养，影响坐果，形成疙瘩果，降低产量；蚜虫排泄的蜜露，污染叶面、枝梢和果面，使果树生理作用受阻，或造成果实发育不良而出现裂果和果面青斑，常造成煤烟病，加速早期落叶，影响生长。

2. 发生特点

一年发生10余代，以卵在果树枝梢芽腋、树皮和小枝杈等处越冬，芽萌动至开花期越冬卵开始孵化，若虫先在嫩芽上为害，以后转移到花和叶上，落花后为害新梢，吸食汁液，并排泄蜜露。5—6月为害盛期，6月下旬新梢停止生长，产生有翅蚜飞到蔬菜、杂草上继续为害，10月产生的有翅蚜迁返桃树，产生性蚜，交尾后产卵越冬。

3. 防治方法

（1）抓住花芽露红期和落花后（落花80%）两个关键时期防治。

（2）发芽前结合防治其他病虫害，喷施3～5°Bé石硫合剂+70%甲基硫菌灵500倍液，杀灭树体上的越冬卵和越冬病菌。

（3）发芽后防治应在卷叶前进行，药剂有50%氟啶虫胺腈水分散粒剂10 000～12 000倍液、22.4%螺虫乙酯4 000～5 000倍液、50%吡蚜酮水分散粒剂2 500～5 000倍液、25%噻虫嗪5 000～10 000倍液、3%啶虫脒乳油2 000倍液、10%吡虫啉3 000～4 000倍液，兼治叶蝉、绿盲蝽、桑白蚧等刺吸式害虫。

（4）如果桃蚜发生较重已经卷叶，务必要加大用水量，使用冲击力较强的喷枪，保证打透、打匀。推荐配方用药：6%联菊啶虫脒+40%丙溴磷氯氰、5%氟啶虫胺腈+30%毒死蜱、50%噻虫嗪吡蚜酮+40%丙溴磷氯氰、75%螺虫乙酯吡蚜酮+2.5%溴氰菊酯、70%吡虫啉+48g/L毒死蜱，并可配合有机硅一起用。

（5）秋季桃蚜迁飞回果树时，用20%氰戊菊酯乳油3 000倍液或2.5%溴氰菊酯乳剂3 000倍液。秋季迁飞时用塑料黄盘涂黏胶诱集。

（6）蚜虫的天敌有瓢虫、食蚜蝇、草蛉、寄生蜂等，对蚜虫发生有很强的抑制作用。因此要保护天敌，尽量少喷广谱性农药。

二、螨类

为害果树的螨主要有山楂叶螨（红蜘蛛）、二斑叶螨（白蜘蛛）等。

1. 为害症状

以成螨、若螨群集叶片背面刺吸为害，成螨有吐丝结网的习性，叶片受害后呈现失绿黄色斑点，逐渐扩大成红褐色斑块，严重时，整张叶片变黄，枯焦而脱落，甚至造成二次开花，消耗树体大量养分，影响光合作用，导致树体衰弱。当年果实不能成熟，而且还影响花芽形成和第二年果实产量。

2. 发生特点

山楂叶螨山东一年发生7～9代，以受精冬型雌成虫在树皮裂缝中、老翘皮下和树干基部的土缝中越冬，在幼树上多集中在树干基部周围的土缝里越冬，也有部分在落叶、枯草和石块下越冬。

二斑叶螨在北方一年发生12～15代，在临沂8～9代，个别年份发生12代以上，从第二代开始出现世代重叠现象。以受精雌成螨在桃树粗皮下、裂缝及根际周围土缝、宿根杂草、落叶下群集越冬。3月下旬平均气温达到10℃时越冬雌成螨开始出蛰，首先在园内的春季杂草上繁殖为害，平均气温达到13℃开始产卵，卵经12～18d孵化，4月底至5月初为第一代卵孵化盛期，6月以后陆续上树为害，一般先在树冠内膛和下部的树枝上为害，后逐渐向整个树冠蔓延。7月中下旬螨量急剧上升，盛期在8月中旬至9月中旬，9月下旬后虫量逐渐降低，10月中旬开始出现越冬型雌成螨并相继入蛰。二斑叶螨在田间为害持续时间比山楂叶螨长。

3. 防治方法

（1）清除越冬虫源，秋季越冬雌虫下树前，可在幼树的树干上绑草把诱杀，冬季修剪时解下烧掉。清洁果园，秋季落叶后彻底清扫园内落叶、杂草，树木休眠期刮除老皮，重点是刮除主枝分杈以上老皮，主干可不刮皮以保护主干上越冬的天敌，清除果园里的枯枝落叶和杂草，集中深埋或烧毁，消灭越冬雌虫螨；树干基部培土拍实，防止越冬螨出蛰上树。

（2）强化果园水分管理，干旱时适时浇水，增加果园湿度，控制氮肥用量，增施磷、钾肥，提高叶片渗透压，造成不利于二斑叶螨生长发育的生态条件，减缓其发育速度。

（3）芽前防治，在叶螨发生量大、为害严重的果园，于芽开绽前周到细致地喷洒5°Bé石硫合剂或50%硫黄悬浮剂200～400倍液，消灭越冬虫体。

（4）谢花后7～10d，树上喷长效杀螨剂如24%螺螨酯悬浮剂3 000倍液、11%乙螨唑悬浮剂5 000～7 500倍液、5%噻螨酮乳油1 500倍液。成螨大量发生时，叶面喷速效杀螨剂如15%哒螨酮乳油3 000倍液（对二斑叶螨无效）、1.8%阿维菌素乳油4 000倍液、15%三唑锡可湿性粉剂1 500倍液、43%联苯肼酯悬浮剂3 000～5 000倍液。

（5）一般6—7月为全年猖獗为害期，在每百片叶活动螨数达400～500头时即需进行喷药防治，需多次用药时，应轮换、交替使用农药，每种农药每个生长季节使用不超过2次。

三、梨小食心虫

梨小食心虫又称梨小、东方果蛀蛾、桃折梢虫，属鳞翅目，小卷叶蛾科，为害仁果类中的梨，还为害核果类的桃、李、樱桃等，是近年来在桃树上为害较重的虫害之一，为害桃梢、桃果，尤其是中晚熟桃品种，需重点防治，特别是多种果树混栽区发生严重，防治不力则桃果损失巨大。

1. 为害症状

以幼虫蛀食果树新梢和果实，幼虫从果梢顶端2～3片嫩叶基部叶腋处蛀入新梢髓部，向下蛀食2～3节，出孔处流胶，受害梢和叶渐蔫并干枯，俗称“折梢”。幼虫连续转梢为害3～4个新梢后，开始蛀果（多在果肩部），直达核部并排细小颗粒状粪于果外。幼虫老熟后脱果，在果面留下脱果孔，蛀孔有流胶现象，易感染病菌引起果腐。

2. 发生特点

在临沂一年发生4～5代，以老熟幼虫在枝干粗皮、翘皮内、根茎裂缝处及树下落叶、土中结灰白色茧越冬，第二年3月底至4月上旬成虫羽化，第一代至第二代梨小食心虫幼虫以为害新梢为主，较少部分幼虫为害幼果，第三代及以后梨小食心虫幼虫以为害果实为主，或向周围梨园转移。由于发生期不整齐，各代之间有重叠现象，4个虫态共存，增加了防治难度。梨小食心虫有转移为害的习性，在桃和梨混栽的园片，多雨潮湿的年份发生严重。

据蒙阴县果业发展服务中心、沂南县农业技术推广中心植物保护站调查，梨小食心虫成虫初花期开始羽化，盛花期及落花初期成虫量持续增加，4月13日前后树上的梨小食心虫第一代进入产卵高峰期，近年来梨小食心虫发生偏重，要做好综合防治，减少损失。

3. 防治方法

梨小食心虫越冬代和第一代成虫期较为集中，结合梨小食心虫的田间预测预报，指导果园最佳用药时间。抓住早期各虫期较集中的时期在关键时间及时防治，压低梨小的基数是防治梨小食心虫的关键时期。一旦进入6月后，梨小食心虫世代重叠将给化学防治带来更大的难度。因此建议果农采用防治梨小食心虫的最新技术，即梨小性迷向技术，此方法防治梨小食心虫不用担心下雨不能及时用药，不用担心用药时间是不是最关键时间，不用担心喷药能不能喷透，更不用担心高温时用药产生药害等，用梨小性迷向丝省力、省心，果实安全无农残。

（1）建园时，尽量避免将桃和梨等混栽，以杜绝梨小食心虫在寄主间相互转移为害。梨小食心虫有转移寄主的生活习性，桃、梨混栽正好为其提供了丰富的食料。

（2）做好清园工作，在冬季或早春刮掉树上老皮，清扫果园中的枯枝落叶集中深埋或烧毁，消灭越冬幼虫。越冬幼虫脱果前，可在树干上绑草把，诱集越冬幼虫，于第二年春季出蛰前取下草把烧毁。同时要注意用药液浸泡或熏蒸的方法处理用过的果筐、果箱，以消灭其中的越冬幼虫。生长期内及时剪除蛀梢、摘除蛀果，并及时销毁。

（3）果实尽早套袋（防止为害幼果）：谢花后20d，应尽早喷药后套袋保护（早熟果可不套袋）。套袋前和解袋后喷杀虫剂氯虫苯甲酰胺、甲维盐等，兼防其他鳞翅目害虫。

（4）物理防治。充分利用梨小食心虫对糖、醋、酒的气味和黑光灯的趋性特性，果园内设置黑光灯、频振式杀虫灯或悬挂糖酒醋罐诱杀成虫，糖：酒：醋：水=6：1：3：10，也可用性诱捕器（性诱芯+粘板）诱杀，也可用于梨小食心虫的预测预报。

（5）生物防治。在虫口密度较低的果园，可用松毛虫赤眼蜂治虫。成虫产卵初期和盛期分别释放松毛虫赤眼蜂1次，放蜂数量4 500头/100m^{2}左右，能明显减轻为害。

（6）迷向技术防治。迷向技术是利用性信息素干扰雄蛾彻底迷失方向，使它无法准确定位雌虫，以阻断成虫交配，达到防治目的。特别是梨小性迷向丝，它能够长时间保持昆虫性信息素的高浓度稳定释放，使雄蛾长久处于高浓度的性信息素的环境中，让雄蛾触角感受器产生适应性，对性信息素失去反应，无法定位雌蛾，以此阻断昆虫间的信息交流，无法达到交配产卵的目的，从根本上压低和控制梨小食心虫的种群发展。据临沂市桃产业发展创新团队试验示范表明，综合防效98%以上，一年只需使用一次，简单、便捷、防效好。

春季桃花露红至花期时悬挂梨小迷向丝，每亩标准使用量33根，悬挂于树冠1/3处（高度离地面1.5m以上），均匀分布于田间。

（7）化学药剂防治。一般成虫产卵高峰期后10d为幼虫孵化期，这个时期也是防治梨小食心虫的关键时期，需要及时准确地进行防治，4月20—25日为最佳防治时期，第三代幼虫孵化高峰预计在6月25—26日，是防治梨小重要时期。

为减少用药次数，监测到雄虫高峰时，或者数量较多时，成虫高峰过后3～5d，连续用药2次，药剂可选择35%氯虫苯甲酰胺水分散粒剂8 000倍液、2.5%高效氟氯氰菊酯乳油1 500～3 000倍液、2%阿维菌素1 500倍液、1%甲维盐2 500倍液、25%灭幼脲悬浮剂2 500倍液等。

四、桃蛀螟

桃蛀螟又名豹纹斑螟、桃蠹螟，属鳞翅目，螟蛾科。在我国各地均有分布，其食性杂，寄主广泛，在果树上除为害桃外，还可为害梨、苹果、杏、李子、板栗等。在作物上为害玉米、高粱、向日葵等。

1. 为害症状

以幼虫蛀食桃果实，从果柄基部蛀入果核，特别喜欢在两果相贴处蛀入，由蛀孔分泌黄褐色的透明胶液并将虫粪堆积其上，常造成果实腐烂及变色脱落，严重影响桃果产量和品质。

2. 发生特点

山东一年发生3代，以老熟幼虫在果园中树体的老翘皮、枝裂缝，以及周围土缝、石缝处做茧越冬，在果园外的玉米、高粱秸秆及穗和向日葵花盘等结茧越冬。第二年5月中旬开始化蛹，经15～20d羽化成虫，成虫昼伏夜出，具强烈的趋光性和趋化性，交尾产卵，产卵时间多在22—23时，成虫喜在枝叶茂密的桃树果实上产卵，两果相连处产卵较多，卵散产于果实上，一果1～3粒，最高可达25余粒。卵经一周左右孵化成幼虫，幼虫从桃果肩部或胴部蛀入，一般一果1～2条，幼虫在果实内为害15～20d后老熟，于果内、果间或果与枝叶贴接处化蛹，羽化为成虫，即第一代成虫，此代成虫于7月下旬至8月上旬发生，成虫继续在果实上为害，受害果从蛀孔分泌黄褐色的透明胶液，虫粪被粘连堆垒于蛀孔外缘，严重影响果实质量和产量。第二代成虫羽化盛期为8月底至9月初，部分继续在晚熟果上产卵为害，部分或大部分成虫转移到向日葵、玉米、板栗、柿上产卵为害，幼虫老熟后即爬到越冬场所结茧越冬。陈修会等（1992）研究表明，第一代整个虫期平均40.5d，第二代为36.9d，越冬代约257d。

3. 防治方法

第一个关键时期为成虫产卵前期（山东地区为5月下旬）。芒种时为一代卵的孵化期（幼虫一旦孵化，立即钻入果实，就已造成幼果损失，防治就比较困难了），因此防治关键时期为芒种前；第二个关键时期为一代成虫发生期（山东地区为7月下旬至8月上旬）；第三个防治关键时期为二代成虫发生期（山东地区为8月下旬至9月上旬），第一个防治关键时期最为重要，其次为第二个防治关键时期，做好第一次和第二次防治，即可有效降低虫口基数，幼果就很少会被为害。加强虫情观测，在果园按梅花状取5点，挂上糖醋液或性引诱剂，5月中旬开始，每天早上捞取成虫，按日期为横坐标，成虫头数为纵坐标，画一曲线图，待高峰出现后的3～5d都是有效的防治时期。

（1）农业防治。秋季采果前于树干绑草，诱集越冬幼虫，早春集中烧毁。刮除翘皮，摘除被害果，清除玉米、向日葵等寄主植物的残体，集中烧毁，减少虫源；随时拾毁落果和摘除虫果，消灭果内幼虫；果实套袋，在套袋前结合防治其他病虫害喷药1次，消灭早期桃蛀螟所产的卵。

（2）物理防治。诱杀成虫，在果园内点黑光灯或用糖醋液诱杀成虫，可结合诱杀梨小食心虫进行。诱杀关键时期为成虫未产卵前（即第1～3个关键防治时期），也可利用性诱芯诱杀，需在关键防治时期使用。

（3）生物防治。应用商品化的生物制剂，如昆虫病原线虫、苏云杆菌、白僵菌等来防治桃蛀螟。保护天敌，已知天敌有绒茧蜂、广大腿小蜂、抱缘姬蜂、黄眶离缘姬蜂等。

（4）化学防治。全年防治的重点是第一代小幼虫孵化期，其次是第二代孵化期。第一代防治容易，第二代为害严重。每代喷药两次，相互间隔10d，但为害较轻时，也可用药一次。可使用35%氯虫苯甲酰胺水分散粒剂8 000倍液、2.5%溴氰菊酯乳油2 000～3 000倍液。

五、桃小食心虫

桃小食心虫为昆虫纲、鳞翅目、蛀果蛾科、小食心虫属的一种昆虫，又名桃蛀果蛾。

1. 为害症状

桃小食心虫多从果实的胴部和顶部注入，幼虫蛀果为害最重，幼虫入果后，从蛀果孔流出泪珠状果胶，干后呈白色透明薄膜。随着果实的生长，蛀入孔愈合成一针尖大的小黑点儿，周围的果皮略呈凹陷；幼虫蛀果后，在皮下及果内纵横潜食，果面上呈现凹陷的浅痕，明显变形。近成熟果实受害，一般果形不变，但果内的虫道中充满红褐色的虫粪，造成所谓的“豆沙馅”。幼虫老熟后，在果实面咬一直径2～3mm的圆形脱落孔，孔外常堆积红褐色新鲜的虫粪。

2. 发生特点

在山东一年发生2代，以老熟的幼虫做茧在土中越冬，在临沂越冬代幼虫5月中下旬破茧开始出土，出土盛期在6月下旬，终期在8月上旬，整个出土期历时60d左右。越冬幼虫出土后即可做成纺锤形夏茧，出土后多在树冠下荫蔽处（如靠近树干的石块和土块下，裸露在地面的果树老根和杂草根旁）做夏茧并在其中化蛹。越冬代成虫羽化后经1～3d产卵，绝大多数卵产在果实茸毛较多的萼洼处。第一代卵孵化盛期在6月底至7月初，初孵幼虫先在果面上爬行数十分钟到数小时之久，选择适当的部位，咬破果皮，然后蛀入果中串食，20～24d老熟后于7月下旬至8月下旬脱果化蛹，8月初开始羽化成虫，8月中旬为第二代幼虫孵化盛期，幼虫期21d左右，第二代羽化成虫在8月下旬至9月上旬，幼虫在果内为害20d左右，9月底至10月上旬陆续脱果做冬茧越冬。成虫无趋光性和趋化性，但雌蛾能产生性激素，可诱引雄蛾。成虫有夜出昼伏现象和世代重叠现象。桃小食心虫的发生与温湿度关系密切，越冬幼虫出土始期，当旬平均气温达到16.9℃、地温达到19.7℃时，如果有适当的降水，即可连续出土。温度在21～27℃，相对湿度在75%以上，对成虫的繁殖有利；高温、干燥对成虫的繁殖不利，长期下雨或暴风雨抑制成虫的活动和产卵。

3. 防治方法

（1）清洁果园，初冬或早春季节，清扫落叶，剪除病虫枝条，刮除老翘皮。清理后的落叶和病虫枝条集中烧毁或深埋。田间及时拣拾落果，集中投入沼气池或烧毁，防止食心虫的幼虫从果内爬入土壤内。越冬代成虫发生前，树下覆盖地膜，阻碍成虫出来上树产卵，闷死出土幼虫。幼果期套袋保护，阻止桃小食心虫接触果实。

（2）果园自然生草条件下，可以在秋季结合施肥翻土，破坏桃小食心虫的越冬场所，使其暴露于土壤表面被晒死或冻死，减少第二年虫源基数。同时，春季可以随时除草净地，便于地面施用昆虫病原线虫和农药防治土壤内的幼虫和蛹。

（3）5—9月，当桃小食心虫幼虫栖居在土壤时，可用昆虫病原线虫悬浮液喷洒树冠下的土壤，使其寄生桃小食心虫幼虫，兼治土壤内的梨小食心虫、蛴螬、金针虫等。根据诱蛾测报，在桃小食心虫的成虫发生期，田间释放赤眼蜂，使其寄生虫卵。一般4～5d放蜂1次，连续释放3～4次。

（4）迷向诱芯，使用时间为5月上中旬到果实采收期，利用桃小食心虫迷向诱芯或迷向管防治，60根/亩，均匀悬挂桃小食心虫迷向诱芯，悬挂在距离地面1.5m以上的树枝上，75～90d后重新悬挂一次。

（5）当出土越冬幼虫达5%时，地面防治，每亩用白僵菌（粗菌剂）2kg+20%虫酰肼0.1kg，兑水150kg喷洒树盘，喷后覆草或浅锄；或结合降雨和灌水，地面湿润时，喷洒昆虫病原线虫（1亿条/亩），喷后覆草；或用50%辛硫磷，48%毒死蜱0.5kg/亩，兑水150kg喷洒树盘，或用5%辛硫磷撒施，距树干1m的范围内用药，然后深耙土5cm。

（6）当连续3d诱到桃小食心虫成虫或田间卵果率达1%～1.5%时（据产量而定，产量高，取低限；产量低，取高限），喷35%氯虫苯甲酰胺可湿性粉剂8 000～10 000倍液，或48%毒死蜱乳油1 000～1 500倍液、20%虫酰肼乳油1 500倍液、10%氯氰菊酯乳油1 500倍液、2.5%溴氰菊酯乳油2 000～3 000倍液、5%的甲维盐3 000～4 000倍液、25%灭幼脲3号悬浮剂1 000～1 500倍液。在幼虫初孵期喷施细菌性农药（Bt乳剂）。

六、介壳虫

为害果树的介壳虫主要有3种，即桃球蚧、桑白蚧、康氏粉蚧。

1. 为害症状

以若虫和成虫固着刺吸寄主汁液，虫量特别大，有的完全覆盖住树皮，甚至相互叠压在一起，形成凸凹不平的灰白色蜡质物，排泄的黏液污染树体呈油渍状。受害重的枝条发育不良，甚至整株枯死，枝条受害以2～3年生最为严重。

2. 发生特点

桃球蚧一年发生1代，以2龄若虫在枝上越冬，外覆有蜡被。桑白蚧在我国北方一年发生2代，以第二代受精雌成虫于枝条上越冬，第二年5月初产卵于母壳下，5月下旬至6月初孵化出第一代若虫，多群集于2～3年生枝条上吸食树液并分泌蜡粉，严重时可致枝条干缩枯死。7月第一代成虫开始产卵，每雌虫可产卵40～400粒。8月孵化出第二代若虫，9—10月出现第二代成虫，雌雄交尾后，受精雌成虫于树干上越冬。康氏粉蚧一年发生2～3代，以卵在树皮缝隙或石块、土壤中越冬，越冬卵孵化为若虫，第一代若虫发生盛期在5月中下旬，第二代在7月中下旬，第三代在8月下旬。雌雄成虫交尾后，雌成虫爬到枝干粗皮缝内或果实梗洼处产卵，有的将卵产在树下表土内。成虫产卵时分泌棉絮状蜡质卵囊，卵产在卵囊内。

3. 防治方法

（1）冬季或早春结合果树修剪剪除越冬虫口密集的枝条或刮除枝条上的越冬虫体。

（2）铲除越冬若虫、成虫和卵，早春芽萌动期，用5°Bé石硫合剂均匀喷布枝干，也可用95%机油乳剂50～100倍液混加5%高效氯氰菊酯乳油1 500倍液喷布枝干，均能取得良好防治效果。发芽后喷布22.4%的螺虫乙酯3 000～5 000倍液。为提高效果，可在4月中旬至5月初，趁雌成虫没有产卵，将虫口密度较大的老干、大枝用钢丝刷刷掉虫体，然后再涂抹5°Bé石硫合剂，杀死残留在树体上的虫体。在涂抹过程中一定注意不要把药物洒落到树叶上，使叶片受到药害。

（3）孵化盛期喷药。5月下旬至6月上旬观察到卵进入孵化盛期时，若蚧移动期全树喷布25%噻嗪酮可湿性粉剂1 500～2 000倍液、24%螺虫乙酯4 000倍液、5%高效氯氰菊酯乳油2 000倍液、3%啶虫脒乳油2 000倍液。对于早熟桃，应在采收后喷一次吡虫啉防治介壳虫和叶蝉，枝干和叶片喷洒均匀。

七、红颈天牛

1. 为害症状

以幼虫钻蛀为害果树枝干，在枝干内形成蛀道，幼虫一生蛀隧道全长50～60cm，并在表皮有排粪孔，排出大量红褐色木屑状粪便，由于破坏了木质部和韧皮层，影响了树体水分和营养的输送，导致树势急剧衰弱甚至死亡，为害造成的伤口还容易感染病菌而引起枝干病害和流胶。一株成龄桃树，树干有1头红颈天牛幼虫，2～3年即可使树死亡。

2. 发生特点

红颈天牛2～3年发生一代，山东地区成虫于7月上旬至8月中旬出现，成虫出现后7～10d即可交尾、产卵（产卵后成虫死去），一般在弱树、老树树皮缝隙中产卵，距离地面35cm处产卵最多。卵经过7～8d孵化为幼虫，幼虫孵出后向下蛀食树干，经2年（3个年头）后，于第三年4—6月化蛹，后羽化为成虫。

3. 防治方法

6月是防治红颈天牛成虫的最佳时期，特别是夏季，大雨过后新鲜排粪孔最易识别，7～10d搜捕一次。其他时期可选成虫交尾期捕杀成虫或产卵后农药喷树干（尤其是老树、翘皮）。

（1）加强管理，保护树干。根据红颈天牛喜欢产卵于老树树皮裂缝及粗糙部位，而幼树和树干光洁部位不产或很少产卵的特点，应加强树干管理，保持树干的光洁。除进行肥水管理外，还要对高龄树干刮除粗糙树皮及翘皮，防止树皮裂缝。特别是大树改接或去大枝造成大伤口的桃树更应引起关注，只要冬剪和夏整枝时，没有造成较大伤口的桃树，都基本没有天牛为害。伤口过大，容易散发一种特殊气味引诱成虫天牛上树产卵为害，所以不管冬剪、嫁接换种还是夏剪都必须进行伤口保护（1cm以上伤口），防止招惹红颈天牛成虫产卵。

（2）种植榆树诱杀。红颈天牛对榆树等有很强的趋性，在桃园周围种植榆树，将榆树树高控制在1.5 ~ 2.0m（便于人工捕杀成虫），6—8月修剪榆树，剪口流胶可引诱大量红颈天牛，再进行捕杀。

（3）糖醋液诱杀。红颈天牛成虫对糖、醋有趋性，用糖5份，醋20份，白酒2份，水80份，将糖和水溶化在一起加热至沸，待糖液冷却后，再加上醋和酒混匀备用。6月上旬成虫羽化期，将配制好的糖醋液倒入容器中（倒1/3即可），悬挂于行间树荫下，距地面1.5m高，3 ~ 5d加一次液体。

（4）树干涂白。利用红颈天牛惧怕白色的习性，于4—5月，在成虫发生前对果树主干与主枝进行涂白，使成虫不敢停留在主干与主枝上产卵。涂白剂可用生石灰10份，硫黄1份，食盐0.2份，动物油0.2份，水40份调和而成，把树皮裂缝、空隙涂实，防止成虫产卵。

（5）虫孔施药。有效药剂10%吡虫啉2 000倍液、48%毒死蜱1 000倍液。幼虫越小，防治的越早，对树体为害越轻。大龄幼虫蛀入木质部，喷药对其已无作用，可采取虫孔施药的方法除治。对有新鲜虫粪排出的蛀孔，清理树干上的排粪孔，用一次性医用注射器，向蛀孔灌注，或利用500倍敌敌畏浸泡过的毒棉球堵塞虫孔，然后用泥封严虫孔口，可熏杀幼虫。

（6）捕杀成虫。6月下旬至7月上旬，是成虫的发生期，可利用成虫喜欢中午活动（12—14时，成虫活动最盛）的习性进行人工捕杀。捕捉的最佳时间，一是6时以前，二是大雨过后太阳出来。用绑有铁钩的长竹竿，钩住树枝，用力摇动，害虫便纷纷落地，逐一捕捉。人工捕捉速度快，效果好，省工省药，不污染环境。

（7）捕杀幼虫。7—8月，孵化出的红颈天牛幼虫即在树皮下蛀食，这时可在主干与主枝上寻找细小的红褐色虫粪，一旦发现虫粪，即用锋利的小刀划开树皮将幼虫杀死。蛀入树干内的幼虫，用镊子或钢丝先掏尽粪渣，然后用带钩针状的钢丝，逐渐向蛀孔内插入，并反复抽动捣扎幼虫，听着有吱声拔出铁丝头有乳色或湿气，说明虫已杀死，可将幼虫钩出。

（8）药剂喷干防治。6—7月，成虫发生盛期和幼虫刚刚孵化期喷40%毒死蜱乳油800倍液或10%吡虫啉2 000倍液。

（9）保护天敌。保护和招引天敌，如啄木鸟、喜鹊等鸟类。

（10）死树、病虫枝处理。红颈天牛为害致死的整株树或枝干要立即烧掉，以减少虫源。

八、潜叶蛾

1. 为害症状

潜叶蛾主要以幼虫潜食叶肉组织，在叶中纵横窜食，形成弯弯曲曲的虫道，有的似同心圆状蛀道，虫斑常枯死脱落呈孔洞，有的呈线状，也常破裂，粪粒充塞其中，致使叶片破碎干枯脱落。为害严重时，造成早期落叶。

2. 发生特点

一年发生7～8代，以成虫在落叶、杂草、土块和石块下、树皮缝越冬，第二年4月果树展叶后在叶背产卵，卵孵化后潜入叶肉取食，串成弯曲的隧道，并将粪便充塞其中，被害处表面变白。幼虫老熟后从隧道钻出，在叶背吐丝搭架，于中部结茧化蛹，少数于枝干结茧化蛹。5月中旬见第一代成虫后，以后每20～30d完成1代，发生期不整齐，世代重叠现象严重，10月开始越冬。各代发生的早迟与历期的长短受温度影响较大，平均气温在16～25℃，发育进度随气温的升高而加快，历期缩短，28℃以上高温受到抑制，历期延长。

3. 防治方法

（1）落叶后，结合冬季清园彻底扫除落叶，刮除树干上的粗老翘皮，集中深埋或烧毁，消灭越冬虫蛹。

（2）运用性诱剂杀成虫。果树谢花期开始，田间悬挂潜叶蛾性诱剂和诱捕器，诱杀雄成虫，每亩6～7个诱捕器，隔20～30d更换1次诱芯，至10月结束。挂诱捕器不但可以杀雄性成虫，且可以预报害虫消长情况，指导化学防治。

（3）在越冬代和第一代雄成虫出现高峰后的3～7d内喷药，可获得理想效果。第一次用药一般在落花后，每隔15～20d喷药1次。可用25%灭幼脲3号悬浮剂1 500～2 000倍液或20%杀铃脲悬浮剂6 000～8 000倍液或2.5%溴氰菊酯3 000倍液或1.8%阿维菌素3 000倍液等。

九、金龟子

金龟子种类繁多，为害果树的金龟子主要有黑绒金龟、铜绿丽金龟、白星花金龟等。

1. 为害症状

以成虫夜间为害树叶，把叶片吃成缺刻或食光，特别对幼树为害严重。

2. 发生特点

金龟子夏季交配产卵，卵多产在树根旁土壤中。成虫寿命2～3个月，蛹期约14d。

3. 防治方法

（1）加强农业防治措施的综合运用，合理施肥，施用充分腐熟的有机肥，防止招引成虫飞入田块产卵，减少将幼虫和卵带入；

在果园周围种植蓖麻，金龟子会优先取食蓖麻，利于捕杀；捕捉的成虫捣烂，其浸泡液喷洒树体有趋避作用；刚定植的幼树，用塑料薄膜做成套袋，套在树干上，直到成虫为害期过后及时去掉套袋。

（2）利用成虫的假死性和趋化性，于清晨或傍晚，在树下铺塑料布，摇动树体，捕杀成虫。也可挂糖醋液瓶或烂果，诱集成虫，于午后收集杀死。成虫常群聚在成熟的果实上为害，可人工捕杀。

（3）趋化诱杀成虫。每亩用0.3kg红糖+0.6kg食醋+0.15kg白酒+0.25kg敌百虫，兑水15kg，溶解后放入10个盆里，均匀挂到果园内诱杀金龟子。傍晚放，早晨收，直到早晨药盆内没有金龟子结束。也可用一个成熟的西瓜切成两半，食掉大部分红瓤，撒入少量（浓度不能太大）灭多威等农药，用3根绳吊在树枝上，每亩6块，越多越好，定期更换，这样吸引并杀死金龟子，效果不错。

（4）控制潜土成虫。3—4月树下施用25%辛硫磷微胶囊100倍液处理土壤或5%毒死蜱颗粒剂2～3kg兑细土配制成15～20kg毒土，撒施果园地面，毒杀幼虫。或在树穴下喷40%毒死蜱乳油300～500倍液。成虫发生期树冠喷50%杀螟松乳油1 000倍液或菊酯类农药。

（5）趋光性防治。金龟子等具有较强的趋光性，在有条件的果园，可在园内安装一个黑光灯或60W灯泡，在灯下放置一个水盆或水缸，使诱来的金龟子掉落在水中捕杀。

（6）生物防治。在蛴螬卵期或幼虫期，用蛴螬专用型白僵菌或绿僵菌杀虫剂1.5～2kg/亩，与15～25kg细土拌匀，在果树根部土表开沟施药并盖土。或者顺垄条施，施药后随即浅锄，能浇水更好。此法高效、无毒、无污染，以活菌体施入土壤，效果可延续到下一年。

十、桃小绿叶蝉

桃小绿叶蝉又名桃一点叶蝉、桃小浮尘子，寄主种类多，除为害桃树外，还为害杏、李、樱桃、梅、苹果、梨、葡萄等果树及禾本科、豆科等植物。

1. 为害症状

成虫、若虫吸食芽、叶和枝梢的汁液，被害叶初期叶面出现黄白斑点渐扩成片，严重时全树叶苍白早落，提早脱落。

2. 发生特点

一年发生3～6代，以成虫在落叶、杂草、石缝、树皮缝和果园附近常绿树上越冬。第二年3—4月开始从越冬场所迁飞到嫩叶上刺吸为害，并在叶片主脉产卵，喜群集于叶背面吸食为害，受惊时很快横行爬动。以7—9月果树上的虫口密度最大，为害最为严重，并世代重叠。

3. 防治方法

（1）加强果园管理。秋冬季节，彻底清除落叶，铲除杂草，集中烧毁，消灭越冬成虫。成虫出蛰前及时刮除翘皮，集中深埋或烧毁，减少虫源。

（2）做好夏季修剪。树冠枝叶密集，为害严重，所以适当疏枝，改善通风透光条件。

（3）抓住3个关键时期喷药防治，即谢花后新梢展叶期、5月下旬第一代若虫孵化盛期及7月中旬至8月上旬第三代若虫孵化盛期，选择早晨和傍晚成虫行动相对迟钝的时间喷药，药剂可选10%吡虫啉可湿性粉剂4 000倍液、2.5%溴氰菊酯乳油2 500倍液、5%高效氯氰菊酯乳油2 000～3 000倍液等。

第五章　自然灾害防控技术

果树在春季花期前后易遭受低温霜冻，夏季易遭受冰雹、雨涝天气，秋季易遭受严重干旱，此外还有病、虫、鸟的为害，每年各种灾害给果业带来严重损失。坚持预防为主、技物结合防治原则，积极应对果园自然灾害。

第一节　霜害防控技术

近几年由于暖冬的出现，果树发芽早，花期提前，时常会遇到倒春寒造成的晚霜危害，霜害是由于初春短期内气温回升很快，而在萌芽后开花期，伴随着西北强冷空气的入侵，气温骤然下降，低于果树各器官临界温度出现了霜冻之害。所谓晚霜低温，是指春季温度回升，果树开始萌动、发芽甚至开花，因寒流到来导致温度大幅下降对果树造成的危害。不同生育期对低温的耐受能力不同，花蕾期受冻温度为-6.6～-1.7℃，开花期能抵抗-2～-1℃，幼果期-1.1℃。晚霜低温危害严重时，可导致花果受损脱落，严重影响产量，甚至绝收。主要果树各器官受冻临界温度见表5-1。

表5-1　主要果树各器官受冻临界温度

水果种类	各器官受冻临界温度
苹果、梨	萌动期　-8～-3.9℃（-8℃，6h死亡） 花蕾　-4～-2.8℃（现蕾期-7℃，柱头-1℃，6h死亡）。 花　-2.2～-1.7℃（-3℃，6h死亡） 幼果　-2.2～-1.1℃
桃	花蕾　-3.9～-2.8℃ 花　0℃以下 幼果　-1.1℃
葡萄	萌动期　-4～-3℃ 嫩梢和幼叶　-1℃ 叶片　-1℃ 花序　0℃
杏、李 樱桃	花蕾　-3.5～-1.7℃ 花及幼果　-2.8～-1.1℃

据王华（2010）研究认为，从3月初（惊蛰）到4月中下旬（谷雨前后），每隔7～10d会有一次西伯利亚和蒙古冷空气侵袭，气温可骤降6～12℃，影响1～3d，不同地区冷空气出现的时间、次数、频率、强度有所不同，严重威胁果树的安全生产。

临沂2018年春季，受较强冷空气影响，4—8日出现了大风降温天气，7日早晨部分县（区）温度降到4℃左右，有的地方甚至降到了零下，降温幅度15℃以上。当时桃树正处在末花期和初果期，低温、大风对幼果有伤害，对树体也造成了不同程度的伤害。据蒙阴县果业发展服务中心调查，低温受害主要表现在地势低洼、河道两岸、冲风口处，山地丘陵处因叶片小受害不明显，仅表现出花瓣强风刮落现象；个别地方桃花瓣出现不同程度的结冰现象，但花柱头变褐现象不明显。

一、霜害的症状

一般情况下，花芽比叶芽易受冻，受冻花芽髓部及鳞片基部变褐，严重时花芽干枯死亡；花朵受冻害后，花瓣早落，花柄变短；幼果受冻，表现为胚珠、幼胚部分变褐、发育不良或中途发育停止，引起落果；枝条冻害表现为枝条皱皮干缩，但皮层仍为绿色，大多数发生在幼树。轻者一年生枝条、多年生枝条前端抽干枯死，重者整个枝条死亡。一般枝条越小，抗寒力越差，越易受冻。小枝比大枝易受冻害，秋梢比春梢易受冻害。

二、霜害发生的特点

春季晚霜对果树的开花和坐果危害甚大，由于严冬度过，落叶果树已解除休眠，各器官抵御寒害的能力锐减，特别当异常升温3～5d后遇到强寒流袭击时，更易受害。果树花器官和幼果抗寒性较差，花期和幼果期发生晚霜冻害，常常造成重大经济损失。花期霜冻，有时尚能有一部分晚花受冻较轻或躲过冻害坐果，依然可以保持一定经济产量，而幼果期霜冻则往往造成绝产。果树花器官的晚霜冻害，往往伴随着授粉昆虫活动的降低和终止，从而降低坐果率。霜冻危害的程度，取决于低温强度、持续时间及温度回升的快慢等因素。温度下降快，幅度大，低温持续时间长，则冻害重。

1. 气候条件

晚霜冻害似乎是突然发生，但它完全是由当时的气候特点决定的，每次发生都是有明显先兆的，主要是连续西北风。焦世德（2012）认为当4月中下旬连续2～3d西北风，傍晚突然停止，极有可能要发生晚霜冻害，应格外注意做好预防。2002年、2004年与2005年3次较为严重的晚霜冻害，均为连续西北风停止后发生的，气温下降幅度大，低温持续时间长。2002年、2004年晚间温度降至-4～-2℃，2005年降至-5℃左右，因此，当出现上述气候特点时，应积极落实措施进行预防。

2. 地理环境

晚霜冻害发生的危害程度还取决于果园坐落的地理位置，从对近几年晚霜冻害发生及危害程度的调查来看，发生晚霜冻害的地理位置是相同的，主要发生在3类果园，即沿海果园、河滩果园、山凹果园，因此，4月中下旬春季出现连续西北风时，对这3类果园应重点进行预防。

三、霜害预测方法

注意收听、收看天气预报，网上可以查询到一周的天气预报，结合土办法，在自家果园进行观测更为准确。

1. 温度计预测法

将温度计挂在果园离地1.5m高处，注意温度变化，当温度下降到2℃时，就可能会出现霜冻，注意准备防霜。特别在上午天气晴朗，有微弱的北风，下午天气突然变冷，气温直线下降，半夜就可能有霜冻；或者白天刮东南风，忽转西北风，而晚上无风或风很小，天空无云，则半夜就可能有霜冻；或者连日刮北风，天气非常冷，忽然风平浪静，而晚上无云或少云，半夜也可能有霜冻。要随时注意温度变化。

2. 湿布预测法

将一块湿布挂在果园北面，当发现湿布上有白色的小水珠时，大约20min后可能出现霜冻。

3. 铁器预测法

将铁器如铁锨，擦干放在果园地表，若在铁器上有霜出现，约1h就可能发生霜冻。

4. 报警器法

把便携式防霜报警器置于果园内1m高左右，初花期至盛花期将温度调到-1.5℃，幼果期调到-0.5℃，接通电源。当温度下降至上述温度时，可自动发出报警信号，提醒人们及时采取防霜措施。

四、防霜的方法

1. 适当延迟开花

早春地面覆盖作物秸秆，减少地面辐射，延缓地面升温，促使果树晚萌发，迟开花；树干涂白，在春季把主干、主枝涂白［食盐：石灰：水=1：5：（15～20）］，或酸性土壤地区，用7%～10%的石灰液喷布树冠，可以减少树体对太阳热能的吸收，进而晚开花，同时又能防治流胶病。

2. 熏烟法

霜冻来临时，可在夜间至凌晨熏烟，从0—3时，以暗火浓烟为宜，使烟雾弥漫整个果园，至早晨天亮时才可以停止熏烟以减少地面辐射热的散发，驱除冷空气，烟粒还可以吸收空气中的湿气，加热周围的空气，使周围环境增温，可分为烟堆放烟法和烟雾剂法。烟堆放烟法是用杂草、秸秆、枯枝落叶等，堆放在果园的上风头，3～4堆/亩，每堆25kg左右，在霜害来临之际点燃制烟，有条件的农户可以燃烧煤油；烟雾剂法是将硝酸铵3份、柴油1份、锯末6份混合，分装在牛皮纸袋或报纸内，每袋1.5kg，压实封口，挂在上风头，点燃，每袋可控制3～4亩地。

3. 喷水、灌水

对春季晚霜型发生频繁的果园，在春季果树发芽前要灌水，发芽后至开花前，要再灌2～3次水，这样可延迟果树物候期2～3d，以减轻受冻的程度。如能根据天气预报，在芽萌动后提前灌水，提高果园的热容量，对短期的-3℃左右降温有明显防冻作用；也可在强冷空气、晚霜来临之前，人工往树上喷水，或喷布芸苔素481、天达2116，可以有效地缓和果园温度骤降或调解细胞膜透性，能较好地预防霜冻。有条件的果园，可以采用微喷灌水。

4. 改变果园小气候

设置防风林，对果树进行覆盖，用鼓风机使上下空气混合，免于气温急降；果园加温，利用喷水使果树表面结冰，保持果树的体温维持在-10～0℃，防止温度继续下降。

五、霜冻后的补救措施

一是细致观察，精准判断，不要盲目疏果、喷药、追肥。张安宁等（2020）认为霜冻发生后应须等寒潮过后2～3d，冻害果、冻害叶片表现出变黑、变褐，确认不能缓解的情况下，采取措施。冻害较轻地块适当晚疏果、晚定果3～5d，选留果形端正、未受冻害、未受病虫为害的优质幼果定果。

二是加大疏果量，抹除受冻的褐变幼果，节约养分，利于树势缓和。摘除冻叶，摘除因冻害变枯萎、发黄的叶片。同时重回缩，新梢受冻害后，应及时回缩至未萌发的隐芽处，促其重新发枝。

三是强化树体管理，加强肥水管理，及时浇水，灾后树体虚弱需要及时增加养分积累，加之保留下来的花和幼果绝大部分是弱花和腋花芽，要及时采取地面追肥和树上喷施的方法补施复合肥、硅钙镁钾肥、土壤调理肥、腐殖酸肥等，以利恢复树势，促进树体生长和幼果发育。及时剪除受冻枝叶，对受害轻的园片，往往冻后发生卷叶、黄叶及大量落叶现象，在气温回升后，选用含氨基酸、腐殖酸叶面肥或植物生长调节剂喷布1～2次，间隔7～10d。常用的有600～1 000倍液脉滋（中量元素肥料）、800～1 000倍液天达2116、8 000～10 000倍液碧护等。

四是及时喷药，冻害发生后，枝条极易出现伤口，易受病菌的侵害，结合花后病虫害的防治，及时喷布苯醚甲环唑、吡唑醚菌酯等杀菌剂进行保护。

五是加强基础建设，减、控果园晚霜低温的危害。①建园时选地势高燥、开阔地，注意避开风口，建园前先建防护林网。②行间生草，特别是越冬草种，如毛叶苕子、苜蓿等，具有缓冲局部温度波动的效果。据研究，行间生草的果园夜间低温可比清耕果园提高1～2℃。

第二节　冰雹灾害防控技术

一、架设防雹网

架设防雹网是一种用于防冰雹危害的简易设施，果园防冰雹网的主要使用方法是将网子稍高于果树架设在支架上，搭建时可使用钢管、木材、混凝土桩等材料，中间采用钢丝连接，搭建成各种形式的结构，防冰雹网建设的宽度应以罩住被防护物为准。在搭建材料选择上应注重牢固、耐用、成本低廉。架设防冰雹网应充分考虑防雹效果、网子成本、搭卸方便及果园地形等因素，因地制宜选择适合的搭建方式。可以采用水平型搭建、屋脊型搭建、单侧斜面型搭建等方式，前两种方式适于面积极大、地势平坦的果园，后者适于面积较小、山地果园。常配合顶部搭上防雹网，四周固定防鸟网。防雹网要求折光率小于10%，轻便，抗老化性能好，网孔11mm×11mm以下，网的面积应为果园面积的110%～120%，一般10mm左右的冰雹都能被防雹网挡住，可使果树免遭冰雹袭击。防雹网同时具备防鸟作用，尤其在一些口感好的水果上，防鸟效果更为明显。搭建防雹网果园湿度相对较高，对果树叶片保水有一定的作用。具有该设施的果园，在早晚具有一定的保温效果，在中午具有一定的降温效果，这对于春季倒春寒晚霜危害，具有一定的抵御效果。

二、清理受损严重的枝叶、果实

果园冰雹灾害主要表现为机械损伤，一般叶片、果实受伤落地后要及时清理，以防腐烂诱发病害，对于虽然受伤严重，但还未落地的果实、枝条，也应剪除，清理出园。清理完毕后，全园要及时打2～3遍杀菌剂，预防病害的发生和传播，对于砸伤的枝干、树皮用杀菌剂涂抹，伤口大时，还要用薄膜包扎。

三、加强土、肥、水管理

加强果园土、肥、水管理，促进树势尽快恢复。

第三节　水涝灾害防控技术

果树耐涝性差，在雨季，如不及时采取排水防涝措施，必将影响果树的生长发育、产量和品质的提高，严重的甚至造成死树。防涝栽培措施如下。

一、挖沟排涝

在果树行间，根据地形隔行或多行开挖排水沟，一般沟宽30～40cm，深80～100cm，只要开挖及时，便能迅速排除园内的积水。

二、抬高树盘

结合开挖排水沟，抬高树盘，使树盘内高外低，略呈弧形，如有积水便能顺利地流入沟内。

三、扒土晾根

天气晴好以后，根据受涝程度，将树盘下的土壤扒开露出部分根系，使淤积的水分尽快蒸发，视天气情况1～3d以后重新覆土；或者将树盘内土壤进行浅刨耕翻，尽快恢复土壤透气性。

四、适度修剪

针对受涝较重的树体及时修剪，疏除弱枝、过密枝、徒长枝和竞争枝等，改善树体的透光度，提高叶片的光合效率。

五、覆盖地膜或反光膜

结合起垄，于果实成熟前15d左右，在行内覆盖地膜或反光膜，克服降雨对土壤湿度的影响，同时反光膜还能显著改善果园光照状况，从而显著提高果实品质。

六、防治病虫

久雨后果园要喷一遍杀虫、杀菌农药，以防治病虫为害。可选择百菌清800倍液或多菌灵600倍液或甲基硫菌灵100倍液加杀灭菊酯4 000倍液。

七、增肥壮树

前期因施肥不足，水淹后易导致树势衰弱，可采用0.4%尿素加0.5%磷酸二氢钾进行根外喷肥，隔10d喷1次，连喷2～3次。秋施基肥时对弱树应增施优质圈肥或其他优质有机肥，以便及早恢复和增强树势。

另外，对歪斜的果树要及时扶直，并设支柱加固。根部受伤的应根据受害的不同程度对枝条适当加重疏截，以便平衡树势，保证树体的正常发育。

第四节　大风灾害防控技术

一、果园管理

选好园址，尽量安排在背风向阳处，建好防风林带。密切关注天气预报，大风前及时加固修缮果园设施，对树体适当培土固树；

对易发生风灾的园片，要加强防风林建设，构建防护屏障。设立支架，降低树高，一般要求2.5m左右。

二、排除积水

风灾往往伴随着大雨或暴雨，造成果园严重积水，应在灾后第一时间排除果园积水。

三、培土固树

对冲涮严重、露根树、倒伏树进行培土固树，对幼树进行扶直。

四、清理果园

清理园内刮落的果实、树枝、叶片，集中深埋或带离果园，以防传播各种病害。将刮断树干、树枝剪除，裂口处剪平；及时进行以疏枝为主的夏季修剪，疏除过密枝、徒长枝，改善通风透光条件。清园后，及时喷一次保护性杀菌剂。

五、施肥复壮

树体受伤后，树势衰弱，要及时进行地下施肥和叶面喷肥，以复壮树体。

第五节　高温日灼防灾减灾技术

一、适当控剪

修剪时适当多留西南侧果树枝条，增加果树叶片数量，以减少阳光直射果树枝干和果实。

二、适时浇水

夏季高温适时浇水，保证果树的水分供应，降温增湿，减轻高温强光对果实的危害。

三、树盘覆盖

高温干旱时，在树盘上覆盖一层20cm厚的秸秆、草或麦糠等，保墒降低地温，预防日灼。

四、喷水防护

有条件的果园可以装备喷水系统，在气温达到29℃并持续5h以上时，启动喷水保护系统。

第六节　避雨栽培技术

避雨栽培技术是水果生产中一项实用的生产技术，可起到避雨、降低病虫害、减少水土流失、减少裂果、提早产期、提高果品品质和经济效益的作用。

一、避雨栽培的作用

避雨栽培能够起到避雨、防病虫、防水土流失等效果，主要措施是在果树顶部覆盖聚乙烯薄膜等材料，避雨栽培能够降低病虫害发生程度并减少裂果、防止雨水对果树的冲击。特别是在花期、果实膨大期，避免雨水冲刷，可以减少落花，提高坐果率，减轻裂果，降低环境及根际环境湿度，提高果品商品性能，还可减少打药次数，便于生态果品的生产，提高果实可溶性固形物含量，提高果实品质。目前已在葡萄、大樱桃、猕猴桃、油桃等果园中应用，效果良好。

二、避雨的时期

避雨栽培在许多果树上主要是阶段性使用，如梨、桃等果树在开花期遇到下雨易造成开花不结实或坐果率低的问题。樱桃等果树在果实成熟期如果雨水多容易出现腐烂或裂果的问题。葡萄开花期及开花前后；葡萄幼果发育期，硬核期前后；葡萄成熟期，果实上色后到采收。这3个时期是葡萄栽培对水分最敏感的时期，也是葡萄最需要遮雨的关键时期。每年雨季来临之前就要开始避雨，特别是花期、果实转色期到成熟期，一定要保证避雨设施有效。早熟品种为防止霜霉病的发生，即使采收后也不要过早揭膜，但是也不能时间过长，过长易使枝叶徒长和影响花芽分化。因此许多果树只需要在开花期或果实成熟期的1个月左右的时间需要避雨栽培，其他时间没有薄膜覆盖反而能为果树提供更多的光照和雨水，促进果树树体生长。

三、避雨的模式

1. 单株模式

在不规则果园、山地果园或稀植果园可采取单株模式，即单株或多株为主体，在树基部安装环状固定装置，依附树干安装中心杆，高度高于树体30～40cm，在树冠四周安装4～8条撑杆，形成伞状结构，全树覆盖40目的防虫网，上附着固定塑料薄膜或篷布，形成伞状避雨棚。

2. 单行模式

顺行搭建“人”字形避雨棚，要求棚顶高于果树20～30cm，可以采用木或钢架结构，也可采用顺行中间、行间立支柱，支柱上架钢丝拉线，在拉线上通过拉线环固定薄膜或篷布，形成三线式棚架结构。

3. 多行棚模式

可以通过架设小至中拱形棚等模式把3～5行果树置于棚下，棚高3.0～3.6m，棚长50～80m。建棚时，在确定的雨棚两边，每隔6m立一根直径6cm钢筋水泥柱，柱子埋土深60cm、地面以上露出2.3～2.8m高，行间横向两根柱子上焊接圆弧形钢管作为棚拱，棚拱中间用钢管或木头连接在棚檐上，每隔50～60cm用弧形钢筋或竹竿搭成棚肋，其上覆盖棚膜，再用绳子压紧即可。

4. 设施棚模式

采取搭建半拱式简易棚或连栋棚的模式分片或整片把果树置于避雨棚下，多采用热镀锌管及热镀锌角铁，单个大棚长50～60m、宽6～10m，棚肩高1.8～2m、顶高3.3～3.6m。棚体不宜过长，否则通风不畅，夏季高温时易烧伤叶片和果实。拱形钢架大棚顶部钢管间距以1m为宜，钢管直径不低于25mm、壁厚不小于2mm。在两个畦面之间的垄上，按间距4～6m标准立一行水泥柱，水泥柱要比畦面高1.8m以上。棚内按葡萄行距，每间隔3～4m插1根水泥柱，在大棚两侧的棚肩上方50～60cm处各安装1根压膜槽，大棚薄膜选用6丝聚乙烯膜。

四、避雨注意的问题

一是单株模式、单行模式或多行棚模式之间注意设立适当深度的排水沟，目的是遇到雨水较大时能及时排除明水。

二是避雨栽培中，水分的供应全靠人为管理，因此必须有可靠的水源，而且要根据不同品种和生长结果的具体情况，及时进行灌溉补水。其中最重要的时期是解冻前、萌芽前、开花期、幼果膨大期。每年采果后一定要进行一次充分的灌溉，防止避雨棚下土壤盐碱化。实行垄栽和建立排水渠道也是避雨栽培中一件十分重要的工作，要重视雨季及时排水。为了节水、节肥和保证灌溉的效果，要大力推广滴灌和水肥一体化。

三是避雨与露地栽培差别很大，病虫害的种类和发生状况也和露地栽培有明显的不同，病虫害防控策略也要根据情况变化。一是采用农业综合防治的方法，以预防为主，早防早治；二是要以灰霉病、白粉病、粉蚧、日灼病的防治为重点；三是尽量减少化学合成物质的使用，多采用调控膜下环境、果实套袋等一系列物理、生物防治技术。

四是避雨栽培虽然解决了降雨对果树的影响，但也出现了一些新的问题。避雨膜下光照减弱，花芽分化与光合作用受影响；通风透光受阻，小气候发生变化；叶面蒸腾速率降低，水分、养分运转减缓；枝蔓徒长，节间增长，叶片变薄，叶色较淡，制造养分能力减弱，营养积累较少，并影响花芽分化，果实着色和推迟成熟；隔断天然降雨，土壤生态环境转变；病虫害种类变化，生理病害突出；人工管理工作量增多，管理成本提高等。对于上述避雨栽培的缺点，应在生产中继续探讨和改进，加强管理，降低不利影响。

五是防止光氧化技术，揭膜时间应选择在阴天或者晴天的上午或者下午，避开强光照射时段。揭膜前2～3d，叶片喷氨基酸钙肥+亚硫酸氢钠，能有效缓解叶片光氧化。

第六章　果品商品化处理

果品商品化处理是提高果品商品质量、满足市场需求、提高果品附加值的重要途径。我国在水果采后处理方面，一是技术采用率低，二是采后处理技术薄弱。目前，我国仅有1%左右的果品经过清洗、打蜡、分级、包装后投放市场，而发达国家水果生产几乎百分之百都要进行采后商品化处理。产地冷链基础设施薄弱，田间地头冷库、预冷设施、冷链加工基地等缺失，果品分选包装、冷藏保鲜、冷链物流和配送等设施设备不足，水果损耗率高，我国果蔬损耗率高达20%～25%，直接造成的经济损失达4 000亿元人民币，而欧美国家的损失率则基本控制在1.7%～5%，美国的蔬菜水果在物流环节的损耗率仅为1%～2%。

第一节　影响果品商品化处理的因素

一、自身因素

1. 种类和品种

不同种类的果品生理特性不同，耐贮性差异很大，一般产于南方及热带地区或高温季节成熟的果品耐贮运性较差，而产于北方地区或低温季节成熟及生长期较长的果品则较耐贮运，如香蕉、芒果、荔枝、枇杷等较苹果、梨不耐贮藏，不宜作长期贮运。苹果、梨、柑橘等耐贮性较好，贮藏期可达数月甚至半年以上，而桃、李、杏等耐贮性相对较差，在适宜条件下贮藏期也只有30～60d，而草莓、杨梅等更不耐贮运，采后在低温条件下也只能贮存数天。

同一树种的不同品种贮运性也差别很大，一般晚熟品种较早熟品种耐贮运，果皮较厚而致密且果面密被茸毛、蜡质、蜡粉等保护层、果肉质地较硬、肉质致密、营养物质含量高、水分含量低的品种，果实耐贮运。如苹果的富士、国光等品种耐贮性较强，在土窑洞等简陋条件下贮藏期可达3～4个月，而藤木一号、红星等品种耐贮性差别很大，要想达到贮藏时间较长的目的，需要在冷藏条件下甚至气调条件下才能达到。

2. 果树田间生育状况

（1）树龄、树势。一般来说，幼龄树和老龄树结的果实不如盛果期结的果实耐贮藏，旺长树、衰弱树结的果实不如健壮树结的果实耐贮藏，生长健壮植株，产品营养物质含量丰富，故其贮运性比生长过旺或过弱植株要强。苹果树7～15年树龄的果实质量好，果品商品率高，耐贮运性强；香蕉2～3年生树结的果实，可溶性固形物含量低，味较酸，风味差，而5～6年生的树结的果实，风味品质好，耐贮性强。

（2）果实大小。一般大个果实不如中等大小果实耐贮运，大个苹果的苦痘病、虎皮病、低温伤害的发生比中等个的严重，大个的蕉柑往往皮厚汁少，贮藏中枯水病发生早而且严重。一般含酸量较高的果实较耐贮运。

（3）负载量。负载量适当，营养生长和生殖生长基本平衡，果实个头适中，着色好，质量好，商品性好，耐贮藏；负载量过大，果个小，着色差，风味淡，商品性能差，不耐贮藏；负载量小时，果个大，大果比例增加，也不利于贮藏。

（4）成熟度。成熟度的大小直接影响着果实的贮藏品质，果实在七八成熟时采摘，贮藏期较长，采摘过早，果品质量差、风味淡，影响产量；采摘过晚，成熟度过大，不耐贮藏。但不同树种、不同品种贮藏要求的成熟度也有所不同。

（5）结果部位。结果部位不同，所结果实的质量也有差别，商品性能和贮藏质量也不同，例如树冠外围的苹果比内膛的着色好，果肉硬，风味佳，贮藏性能好；内膛的果实果面粗糙，品质差，虎皮病发病重，不耐贮藏。

二、生态因素

1. 温度

温度是重要的生态因素，栽培期间温度高，植株生长快，营养物质积累少，品质差，不耐贮运；温度过低，果树授粉不良，落花、落果严重，产量低，品质差；昼夜温差大，植株生长健壮，品质好，且较耐贮运。

2. 光照

光照强度直接影响果树光合作用及形态结构，对果实的质量及贮藏性有重要的影响，光照充分，果树生长健壮，果实发育好，质量好，商品性能好，贮藏性好；光照不足，生长发育不良，果皮粗糙、不光滑，着色差，耐贮性差；光照过足，容易使果实发生日烧病，富士等苹果还易患水心病。

3. 水分

水分与果实的生长发育、质量及贮藏性密切相关，果品成熟期水分过多，采后易失水或腐烂，不耐贮运；水分过少，果品质量差，苹果易发生苦痘病等生理病害；干旱后遇雨易发生裂果，严重影响果品质量和贮藏性能。

三、农业技术因素

1. *矿质营养与施肥*

果树的营养生长与生殖生长的水平与平衡，会影响产品采后贮运性能，立地条件好的果园，土壤有机质营养和矿质营养丰富，树体生长健壮，果品质量好，产量稳定，耐贮性好；在栽培上适当施用氮肥的同时，必须注意增加钙、磷、钾及有机肥的施用，注意营养元素的平衡，防止氮肥过量及缺素症的发生。

2. *灌溉*

土壤水分过量或不足均会引起果树生理失调，而不利果品贮运。土壤水分不足，影响果实发育，产量下降；土壤水分过多，果实品质下降，病虫害果率高，贮藏性下降。对大多数果品来说，采前灌水均不利于贮运。

3. *修剪与疏花疏果*

修剪与疏花疏果均能调节果树营养生长与生殖生长的平衡，疏花、疏果能保证适当的叶、花及叶、果比例，控制结果量，保证果实达到一定的大小和品质，增加内含物含量，从而有利于果实贮藏运输。

4. *采前喷药*

采前对果树喷施杀虫剂、杀菌剂、植物生长调节剂及其他矿质营养元素，可防止病虫害、增强园艺产品耐贮运性、防止某些生理病害和微生物病害。可通过冬季清园，消灭越冬病原体，减少病源基数，但采前要注意农药的残留期和喷药对果实的影响。

四、采收时期

适时采收可使果品充分发挥其固有的耐贮能力，采收过迟，会因过熟而不耐贮藏，过早则易于失水，发生生理病，也不耐贮藏。清晨采收的果实热量少，一般比中午或午后采收的耐贮藏。果品的采收时期，主要决定于果实的成熟度，但也与采后用途、市场远近和贮运条件有关，一般远运的比当地销售的适当早采，贮藏和蜜饯加工的原料应适当早采，而作为加工果汁、果酒、果酱的原料应当充分成熟后采收。

第二节　果品采收

采收时尽可能减免机械伤的观念近年来逐步增强，通过泡沫网套、泡沫箱、专用运输周转箱等包装，对减少果蔬贮运机械伤起到了积极作用。但是总体来讲，距离科学、适时、精细采收，还有很大差距；不少产品没有严格按照适宜采收成熟度标准采收；不少果实尚没有明确的采收标准；由于提早上市，果品不成熟就采收或催熟后采收的情况时有出现。

一、采收成熟度的判定

1. 生长期

在正常气候条件下，各种果品都要经过一定的天数才能成熟，因此可根据生长期来确定适宜采收的成熟度。如苹果的早熟品种盛花后100d左右成熟，中熟品种100～140d成熟，晚熟品种140～170d成熟。

2. 色泽

许多果实在成熟时都显示出它们固有的果皮颜色，果皮的颜色可作为判断果实成熟度的重要标志之一，一般果实成熟前为绿色，成熟时绿色减退，底色、面色逐渐显现。可根据品种固有色泽的显现程度，作为采收标志。但颜色的变化也受环境条件的影响，如光照强、受光时间长有助于果实着色；采前阴雨较多、日照时间短，表面着色就较差。因此，在依果实的表面色泽来确定成熟度时要考虑其他因素对色泽的影响。

3. 硬度

果实的硬度是指果肉抗压能力的强弱，抗压力越强，果实的硬度就越大，一般随着成熟度的提高，硬度会逐渐下降，因此，根据果实的硬度，可判断果实的成熟度，常用果实硬度计测定。

4. 内含物含量

果品中某些化学物质如淀粉、糖、酸的含量及果实糖酸比的变化与成熟度有关，可以通过测定这些化学物质的含量，确定采收时期。例如四川甜橙采收时以固酸比为10：1，美国甜橙的糖酸比为8：1时作为采收成熟度的低线标准，苹果的糖酸比约为30：1时风味浓郁，而柠檬则需在含酸量最高时采收。

5. 果梗脱离的难易度

有些种类的果实（如苹果、梨）在成熟时果柄与果枝之间产生离层，稍一震动即可脱落，此类果实以离层的形成为品质最好的成熟度，如不及时采收会造成大量落果。

6. 果实的形态

果实的形态也可以作为判断成熟度的指标，因为不同种类、品种的果品都有其固定的形状大小。例如香蕉未成熟时，果实横切面呈多角形，充分成熟时，果实饱满，横切面为圆形。

7. 其他

如种子颜色、果实表面果粉的形成、蜡质层的薄厚、果实呼吸高峰的进程及核的硬化等，均可作为果品成熟的标志。

二、成熟度的把握

1. 成熟度的标准

生产上一般将果实的成熟度分为七成熟、八成熟、九成熟、十成熟4个等级，其中前两个等级属于硬熟期，后两个等级属于完熟期，硬熟期的果实较耐贮藏和长途运输。

（1）七成熟。果实充分发育，底色绿，或绿中带黄，果面基本平整，果肉硬，茸毛密厚。

（2）八成熟。果皮绿色开始减退，呈淡绿色，俗称发白，呈绿白色、乳白色或黄色。果面丰满，茸毛减少，果肉稍硬，有色品种阳面开始着色，果实开始出现固有的风味。

（3）九成熟。果皮绿色基本褪尽，呈乳白色、黄色或橙黄色，果面丰满光洁，茸毛少，果肉有弹性，芳香味开始增加，有色品种完全着色，果实充分表现固有风味。

（4）十成熟。果实茸毛脱落，无残留绿色，溶质品种果肉柔软，汁液多，果皮易剥离；软溶质品种稍有挤压即出现破裂或流汁；不溶质品种，果肉硬度开始下降，易压伤；硬肉品种和离核品种，果肉出现发面或出现粉质，鲜食口味最佳。

2. 成熟度的把控

就地销售的鲜食品种应在九成熟时采收，此时期采收的果实品质优良，能表现出品种固有的风味；需长途运输的应在八九成熟时采收；贮藏用果品可在八成熟时采收；精品包装、冷链运输销售的果实可在九十成熟时采收；加工用果品应在八九成熟时采收，此时采收的果实，加工成品色泽好，风味佳，加工利用率也高。肉质软的品种，采收成熟度应低一些，肉质较硬、韧性好的品种采收成熟度可高一些。十成熟即果实变软，溶质桃柔软多汁，此时已无法运输，可以在近郊观赏果园自采园品尝。

三、采收

果品采收的原则是及时、无损、保质、保量，采收过早，不仅果品的大小和重量达不到标准而影响产量，而且色、香、味欠佳，品质也不好，在贮藏中易失水皱缩，增加某些生理性病害的发病率。采收过晚，果品已经成熟衰老，不耐贮藏和运输。

一是果实多数柔软多汁，采摘人员要戴好手套或剪短指甲，以免划伤果皮。采摘时要轻采轻放，不要用力捏捏果实，不能强拉果实，应用全掌握住果实，均匀用力，稍稍扭转，顺果枝侧上方摘下。对果柄短、梗洼深、果肩高的品种，摘取时不能扭转，而是要用全掌握住果实顺枝向下拔取。对特大型品种，如按常规摘取，常常使果蒂处出现皮裂大伤口，既影响外观，又不耐贮运，可以用采收剪把果柄处的枝条剪断，将果取下，效果较好。蟠桃底部果柄处果皮易撕裂，要小心翼翼地连同果柄一起采下。

二是同一株树上的果实成熟期也不一致，要按照“先下后上，先外后内”的原则分批采收。一般品种分2 ~ 3次采收，少数品种可分3 ~ 5次采收，整个采收期7 ~ 10d。第一次和第二次采收先采摘果个大的，留下小果继续生长，可以增加产量。

三是采收的顺序应从下往上，由外向里逐枝采摘，以免漏采，并减少枝芽和果实的擦碰损伤。采摘时动作要轻，不能损伤果枝，果实要轻拿轻放，避免刺伤和碰压伤。

四是一般每一容器（箱、筐）盛装量以不超过5kg为宜，太多易挤压果品，引起机械伤。

五是采收时间选择晴天露水干后采收，避免在正午和雨天采收，早晨低温时采收为好，此时果温低，采后装箱，果实升温慢，可以延长贮运时间。采后要立即将果实置于阴凉处。

第三节　果品分级

一、挑选

挑选即剔除受病虫害侵染和受机械损伤的果实。一般采用人工挑选，量少时，可用转换包装的方式进行；量多而且处理时间要求短时，可用专用传送带进行人工挑选。操作员必须戴手套，挑选过程中要轻拿轻放，以免造成新的机械伤。一般挑选过程常常与分级、包装等过程结合，以节省人力、降低成本。

二、分级

分级是果品按照一定的品质标准分成若干等级的措施，是使果品商品化、标准化的重要手段，是根据果品的大小、重量、色泽、形状、成熟度、新鲜度、病虫害、机械损伤等商品性状，按照国家标准或其他的标准进行严格挑选，并根据不同的果实进行相应的处理。

1. 人工分级

我国果区常先按规格要求进行人工目测挑选分级，再用分级板按果实横径分级，分级板是长方形塑料板、铝板或木板，上有直径不同的圆孔，根据各种果实大小决定最小和最大孔径，每孔直径依次增（减）5mm，操作时用手将果实送入孔中比较测量，分出各级果实。

2. 机械分级

利用各种分级机械，根据果径的大小进行分级或根据果实的重量进行分级，常与挑选、洗涤、干燥、打蜡和装箱一起进行。

3. 果实大小分级机

依据果实大小分等的机械。首先分出小果，最后把最大的果实分出来。柑橘分级用的选果机，根据旋转摇动的类别分为滚动式、传动带式及链条传送带式3种。果实大小分级机有构造简单、效率高等优点，缺点是果实容易产生机械伤。

4. 果实重量分级机

依据果实的重量进行分选，用备选产品的重量与预先设定的重量进行比较分级，分级装置分为机械秤式和电子秤式两种。

5. 光电分级机

经济发达的国家，应用光电分级机，对柑橘、苹果等果实进行分级，这是目前最先进的分级设备。浙江大学发明的获得国家发明二等奖的基于计算机视觉的水果品质智能化实时检测分级技术与装备，解决了利用单摄像机实现双列水果多表面多指标同步检测的难题，成功研发了拥有完全自主知识产权的我国第一套水果品质智能化实时检测分级装备，并实现了产业化，彻底突破了国外产品的市场垄断。工人只要把苹果等水果（主要是球形水果）放进机器，只需简单地人工预选，机器就会自动进行清洗、干燥等程序，然后进入控制室，自动分级、包装。控制室能够非常精确地测量每一个水果的尺寸、形状、颜色、重量、果面缺陷等，然后分成三六九等，是一种非常先进的果品商业化处理模式。

第四节　果品预冷

水果的贮存期主要与温度、湿度、氧气浓度及二氧化碳气体成分关系密切。

一、预冷的作用和要求

预冷是将新鲜采收的果品在运输、贮藏以前迅速降低田间热和呼吸热的过程，刚采摘下来的果实果温通常较高，呼吸作用十分旺盛，如不及时将果温降到适宜的温度，就会影响贮藏质量，引起贮藏期各种病害的发生，减少贮藏寿命，还能有效地节省在贮藏或运输中所必需的机械制冷负荷。我国果蔬采后预冷还处于起步阶段，而预冷是影响果蔬冷链体系完善的主要瓶颈之一。预冷是冷链流通的第一个环节，可以最大限度地保持水果的原有品质，保持果品的新鲜度和延长贮藏及货架寿命，从采收到预冷的时间间隔越短越好，最好在产地采收后立即进行。

目前，果品专用预冷库很少，拟较长时期贮藏的果品采后大多直接进入普通冷库冷藏间；远距离运输易腐果品，不少是经过冷库预冷后，采用覆盖保温材料常温运输的方式；但高附加值果品或出口的果品已基本采用预冷后冷藏运输。差压预冷、真空预冷和冷水预冷为预冷的主要形式。

二、预冷方法及设施

常用的预冷方式有两种，即自然降温冷却和人工降温冷却。人工降温冷却有冰冷却、水冷却、风冷却、真空冷却等方法，这些预冷的方法各有其优缺点，在选择时要依据果品的种类、用途、果品的温度、果品冷害敏感性、预期贮藏寿命、现有设备、包装类型、成本等因素综合考虑确定。

（一）自然降温冷却

自然降温冷却是一种最简单易行、最常用、最经济的预冷方法，即将果品采收后放在通风的地方使其自然冷却，多用于秋、冬季采收的果品，如苹果、梨等，我国北方和西北高原地区用地沟、窑洞、棚窖和通风库贮藏的产品在采收后放在阴冷处，夜间袒露，白天遮阴，使之自然冷却，然后入贮。常用的方法是在阴凉通风的地方作土畦，深15cm左右，宽12m左右，把果实放入畦内，排放厚度以4～5层果为宜，白天遮阴，夜间揭去覆盖物通风降温，降雨或有雾、露水时，应覆盖以防止雨水或雾水、露水接触果实表面，经1～2夜预冷后于清晨气温尚低时将果实封装入贮或直接入贮。若清晨露水较重，应于该天傍晚将覆盖物撑起至离果20～30cm处，这样可达到预冷又防露的目的，第二天清晨即可入贮。

（二）人工降温冷却

1. 冰冷却

用天然冰或人造冰为冷媒，将冰直接与果品接触，带走果品的热量，使果品降温。每千克的冰融解时，可从果品周围带走334.87kJ的热量，并且冰对热的传导率比水及空气都大，利用碎冰块降温可增大接触面积，提高冷却的速度。多用于春、夏季采收的果品。

2. 水冷却

将果实放入冷水中降温的方法，冷却水的温度在不使果品受到伤害的情况下要尽量低一些，一般在0～1℃，常用于桃、柑橘的预冷，一般用流水，采取漂荡、喷淋或浸喷相结合的办法，冷却速度比风冷却快，冷却需要的时间短，效果较好。

3. 风冷却

风冷是使空气迅速流经果品周围使之冷却，冷风预冷可利用冷风机来完成，也可利用专用预冷库进行，只要采收时果温高于运输时适宜的温度，都可以用这种方式进行预冷降温，预冷后可以不搬运，原库贮藏。但该方式冷却较慢，短时间内不易达到预冷要求，优点是冷却均匀。风冷却又分为库内预冷、强制通风预冷和压差通风预冷。

4. 真空冷却

真空冷却是将果品放到真空预冷室抽真空，在减压条件下，使果品表面的水分迅速蒸发，吸收大量的热而使果品冷却下来。真空冷却是根据水的蒸发温度与压力成正比的理论而设计的，在降压过程中，使果品在超低压的状态下，迅速蒸发一小部分水分而使果品温度快速（20～30min）降下来，可使果品在5～30min内迅速冷却到1～3℃，这种方法对一些果实较小水果使用很好，但对有些果品效果并不明显，如番木瓜、菠萝等。

第五节　果品冷链物流关键技术

为了保证质量，果品从采收直到消费者的冰箱，冷藏链的预冷保鲜、运输、贮藏等各个环节，都需要特殊的果品冷藏链专业技术和先进的供应链综合管理技术给予支撑，使整个果品冷藏链完全保持在一个完整的低温链中。果品商品化处理流程一般为原料采收→分选→杀菌→包装→贴标→预冷→冷链运输→销售，各个关键节点的控制有利于保证鲜果的新鲜度、美观度、包装实用度、物流便利度及陈列度（时间）等。

一、预冷保鲜技术

果品的成熟和采摘期多在炎热高温的夏、秋季节进行，采摘后的果品蓄存大量的田间热量，这些田间热促进呼吸作用增强，消耗大量有机物质，同时放出热量，加剧了微生物的繁殖和营养成分的消耗破坏，导致果品的衰老与死亡，降低了经济价值。因此，在果品采摘后，如何尽快消除田间热和控制呼吸强度是保鲜的关键步骤。预冷就是对刚采收的果品在运输、贮藏、加工以前迅速除去田间热，冷却到预定温度的过程，是果品流通、贮藏、加工重要的前处理技术。预冷与流通冷链的有机结合，成为保持果品采后品质、扩大流通范围的重要技术保证。目前国际上比较先进的预冷保鲜技术主要有真空预冷技术、速冻技术和冰温技术等几大类。

二、运输技术

运输冷藏果品不同于普通货物，需要有构造精良的冷藏运输装备和专业的运输管理机制，才能有效保证货物的保鲜质量和运输的经济效益。冷藏链运输工具可分为3类：一是保温运输工具，即箱体隔热，能限制与外界的热交换，减少外温对车厢内温度的影响；二是非机械冷藏运输工具，箱体隔热，用非机械制冷的冷源降温，即用开放式冷媒（冰、干冰、液化气和共晶液）吸收箱内热量，把箱内温度降低并维持在控温仪确定的水平；三是机械冷藏运输工具，箱体隔热，装有制冷或吸热装置（封闭网络），可把箱内温度降低并维持在控温仪确定的水平。冷藏运输技术主要包括公路冷藏运输、铁路冷藏运输和冷藏集装箱多式联运等。

三、贮藏技术

果品必须从开始预冷到最后消费者的冰箱都在严格的低温条件下贮藏，果品贮藏成为冷藏链过程中不可缺少的重要环节。

四、冷藏链管理技术

冷藏链是一个跨行业、多部门有机结合的系统工程，需要各环节紧密配合协作。因此，要保证冷藏链的高效运作，除各类冷藏专业技术外，更需要有先进的冷藏链管理技术来进行有效管理。

第七章　苹果高效栽培技术

第一节　品种和砧木的选择

根据市场需求选择着色好、果形端正、果个大、易丰产、易管理、市场发展前景好的品种，并考虑市场需求、当地的生态条件（日照、温度、降水、土壤）、与砧木的搭配和丰产性、抗病抗逆性等因素，按照“适地适树”的原则选择品种，做好早、中、晚熟品种的合理搭配，可以适量丰富中熟品种，如秦脆、美味、爱妃等，但中早熟品种不宜大面积发展。从目前苹果品种结构和市场表现看，可适当发展黄绿色苹果品种，丰富市场供应。比如可以把苹果红色品种、黄色品种、绿色品种进行合理搭配销售，体现出色泽搭配的商品性与卖点，可选择鲁丽、秦脆、维纳斯黄金、明月、瑞香红、瑞雪、爱妃、王林、烟富8、烟富10等。

一、砧木选择

目前，我国利用较多的是以GM256、M9、M26、MM106、M7、SH系等为主的矮化砧木，应用最多的矮化砧木是M26，占矮化苹果总面积的82.8%；其次是SH系，占矮化苹果总面积的6.5%；再次是GM256，占矮化苹果总面积的4.9%。山东省矮化中间砧苹果园，以八棱海棠和平邑甜茶作基砧，M26和SH系作中间砧。

1. M26

M26是我国目前应用最多的矮化砧木之一，根据试验表明，M26作为自根砧苗木栽培后表现树体高大，枝条生长量较大，但成花能力低，成花结果较晚，因此，不宜作矮化自根砧繁育苗木。目前，我国的M26主要用于繁育“矮化中间砧”苗木，今后随着矮化自根砧苗木的大量投入市场，M26中间砧苗木会自动调整到合理的比例上。

2. SH系

SH系苹果砧木是国光和河南海棠杂交后代，具有矮化、早果、丰产、果实品质优异、抗逆性强、适应性广、砧穗亲和、易繁殖的特点。SH系砧木是一个新的苹果优良砧木品系，包括从半矮化至矮化的多种类型，综合性状表现较好的有SH17、SH28、SH38、SH40，其嫁接短枝型品种较为适合。

3. MM106

MM106属于半矮化砧木。压条容易生根，繁殖率高，根系发达，固地性好，较抗寒、旱，耐瘠薄，抗苹果绵蚜，在通气不良的土壤中不抗颈腐病，与苹果品种及其他乔化砧嫁接亲和力良好。

4. B9

苏联选出的抗寒性强的B系砧木中的一个单系，压条繁殖系数低，砧木干性差，幼苗不立支柱极易倒伏，固地性差，适宜做中间砧。抗寒性好，较强的早花早果习性，嫁接红富士着色好，果形指数略低。

5. M9T-337

M9T-337是由荷兰选育的苹果矮化砧木，是当前世界上苹果矮砧栽培中应用最为广泛的砧木之一，欧洲90%的矮化苹果园应用的砧木为M9T-337，具有生根容易，根系须根多，幼树树势生长旺，成花早，早果性好，具有管理技术简单、操作方便、劳动强度低、果园更新容易、通风透光好、生态环保等优点；缺点是根系分布较浅，固定性差，所以建园需要有立柱和灌溉条件。M9T-337自根砧木与M26自根砧相比，树体生长不一样，M9T-337存在“大脚”现象更明显，树体生长矮小，成花比较容易，结果早，丰产性好，生产期需要及时进行疏花疏果。世界各地苗木繁育场对M9T-337自根砧木的评价主要有两点，一是生根和成花效果好，容易繁育和利用，早期丰产；二是根系分布较浅，栽植后一定要加立柱。

6. 八棱海棠

八棱海棠为楸子和山荆子的杂交种，落叶小乔木，原产于中国河北怀来一带，适应性和抗逆性均较强，对于旱和湿涝的耐力中等，耐盐碱力较强，在pH值为8以上的土壤中叶片始有黄化表现。其苗木生长势强，较耐盐碱，抗寒能力强。

7. 平邑甜茶

平邑甜茶属湖北海棠类，主产于平邑县境内蒙山主峰龟蒙顶周围，多分布在海拔700 ~ 950m的山坡或山谷丛林中，乔木，树高4 ~ 6m，树势强健，树姿开张，多呈圆头形，是我国宝贵紧缺的苹果砧木资源，是典型自然无融合生殖型多倍体种，具有无融合生殖的特点，实生后代基因型高度一致，苗子整齐度高，接穗品种生长表现比较一致。平邑甜茶对苹果根腐病、白粉病、白绢病、白纹羽病、褐斑病及苹果绵蚜具有天然抗性，其特点为抗涝、耐盐碱、抗寒、抗旱、耐瘠薄，适应性很强，是一种优良苹果砧木。

二、优良品种介绍

1. 秦阳

西北农林科技大学从皇家嘎拉实生苗中选出的早熟苹果新品种，2005年5月通过陕西省果树品种审定。

果实扁圆或近圆形，平均单果重198g，最大245g。果形端正，果面鲜红色，有光泽，外观艳丽。果肉黄白色，肉质细，松脆，风味甜，有香气，品质佳。果肉硬度8.32kg/cm^2，可溶性固形物含量12.18%，可滴定酸含量0.38%，鲁南地区7月下旬果实成熟，果实发育期105d。该品种高抗白粉病、早期落叶病和金纹细蛾，较抗食心虫，表现早果、丰产、果形整齐、品质优异、抗性强、适应性广等特点。

2. 鲁丽

山东省果树研究所培育的早熟苹果新品种，由藤牧1号和嘎啦杂交选育而成，其口感甜脆，7月20日左右成熟，可自然采果至8月中下旬，售架期长，硬溶质，长时间挂果，口感脆甜不面。

果实长圆锥形，高桩，平均果重215g，果形指数0.95，果实大小整齐一致；果皮中厚，片红，无袋栽培条件下，着色面积85%以上，且果面光滑，有蜡质；果肉淡黄色，肉质硬脆，汁液多，果实可溶性固形物含量13.0%，可滴定酸含量0.30%，甜酸适度，香气浓。果实发育期120d左右。果实硬度大，耐贮藏不沙化，冷藏环境下可实现周年供应。萌芽期在3月下旬，初花期4月8日前后，盛花期在4月10日前后，成熟期在7月下旬，落叶期在11月中旬。

鲁丽适应性强，耐瘠薄土壤，早果、丰产性强，萌枝能力特强，腋花芽成花非常容易，腋花芽果实畸形果比较多，注意疏除。一般种植后第二年结果，亩产可以达到600kg，第三年可以达到一定产量，第四年丰产，亩产可以达到3 000kg以上，采前不易落果、裂果。抗性强，高抗炭疽叶枯病、褐斑病等病害。高温易着色，优异的内在品质和着色能力，能够实现无袋栽培。

3. 秦脆

秦脆是西北农林科技大学以长富2号×蜜脆杂交选育出的优质抗逆苹果新品种。

该品种果实圆柱形，平均单果质量268g；果点小，果皮薄，果面光洁、蜡质厚，底色浅绿，套袋果着条纹红，不套袋果面深红；果心小；果肉淡黄色，质地脆，有香味，口感细脆，汁液多，酸度小，果实硬度6.70kg/cm^2，可溶性固形物14.8%，可滴定酸0.26%，维生素C 195.8mg/kg，耐贮藏。9月20日左右成熟，果实发育期170d，无采前落果现象。果实耐贮藏，0～2℃可贮藏8个月以上。抗褐斑病能力强，早果性优，丰产性较好，果柄较长，无采前落果，抗逆性强、适应性强。

秦脆克服了蜜脆与富士的缺点，汲取了二者的优良品质，抗逆性强、适应性强，同时融合了蜜脆的优良基因，提升了果品品质，口感好，品质优，二三年即可挂果见效。

4. 瑞雪

由西北农林科技大学杂交选育的晚熟黄色苹果新品种，亲本为秦富1号×粉红女士。

果实圆柱形，果形端正，果形指数0.90，平均单果重296g，最大单重339g，无棱，高桩；果实底色黄绿，无盖色，阳面偶有少量红晕，果点小，种多，白色，果面洁净，无果锈，外观好，明显优于金冠、王林；果实肉质细、脆、多汁，果肉近白色，有特殊香气，果实硬度8.84kg/cm^2，可滴定酸含量0.30%，可溶性固形物含量达16.0%。果实发育期180d，10月中旬成熟，成熟期较一致，无采前落果现象，耐贮藏，常温下果实可贮藏5个月，冷藏8个月。

树势中庸偏旺，树姿直立，萌芽率高，成枝力中等，树型为分枝型，干性较强。枝条节间短，树冠紧凑，具短枝型特性，早果、丰产性强，定植或幼树高接第二年成花，第三年结果，第四年平均亩产1 500kg左右。抗白粉病，较抗褐斑病等叶部病害，抗旱、抗寒能力较强。我国优质晚熟黄色品种的换代品种，适合晚采、带袋采收。

5. 王林

日本用金冠与印度杂交选育而成的黄绿色品种，1952年命名，我国于1978年引入，适宜作富士系品种的授粉品种。

果实呈长圆形或卵圆形，平均单果重200g，最大单果重280g，果形指数0.84。果柄粗而短，果面黄绿色或绿黄色，阳面略带浅红晕，果皮较光滑，果点大而多，无锈，有蜡质。果肉黄白色，致密，汁多，质脆，味甜，爽口，有独特的芳香味，酸甜适口。可溶性固形物含量15.28%，去皮硬度为9.0kg/cm^2。该品种有香气，品质上等。果实极耐贮藏，在普通地窖（温度0℃左右）可贮至第二年5月而风味犹存，深受人们的喜爱。王林苹果又有“雀斑美人”之称，表皮的斑点是它的特征，采用无袋栽培长期有日光照射，果皮会略带红晕，甜度很高，甘甜中带着清爽，果肉细脆中透着香气。虽然王林浑身麻点、青青绿绿，卖相不好，但口感出乎意料的好，深受市场欢迎。近几年来该品种果实苦痘病的发病率较高，栽培时应注意。10月上中旬成熟。

树姿紧凑直立，分枝角度小，分枝较密挤，树冠直耸，呈圆锥形，树势较旺，极性强。尤其是幼树生长势极强，结果后树势渐缓和，长、中、短果枝均有结果能力，以短果枝和中果枝结果较多，腋花芽也可结果，花序坐果率中等，果台枝连续结果能力较差，采前落果少，较丰产。对斑点落叶病抗性较弱。

6. 华硕

该品种由中国农业科学院郑州果树研究所以大果型的早熟品种美八为母本，中晚熟品种华冠为父本杂交培育而成的大果型、红色、早熟苹果品种。2009年通过河南省林木品种审定委员会审定（编号：豫S-SV-MP-001—2009）。

果实近圆形，大果型，稍高桩，平均果重242g；果实底色绿黄，果面着鲜红色，着色面积达70%，个别果实可达全红。果面平滑，蜡质多，有光泽；无锈，果粉少，果点中、稀，灰白色；果肉黄白色，肉质中细，松脆；采收时果实去皮硬度10.1kg/cm^2，汁液多，可溶性固形物含量13.1%，可滴定酸含量0.34%，风味酸甜适口，浓郁，有芳香；品质上等。果实室温下可贮藏20d以上，冷藏可贮藏3个月。成熟期介于美八与嘎拉之间，7月底至8月初成熟，采前不落果，久贮不沙化，货架期长。但初结果期，果实成熟前皮孔处易鼓起，影响果实外观，果实易日灼。

该品种植株生长健壮，树姿直立，树势强健，栽培中应注意拉枝开张角度，缓和树体生长势，减小竞争。萌芽前应注意刻芽、促使后部枝条萌发。若采用M26等矮化中间砧苗木，应注意幼树期的主干培养。华硕属大果型品种，且坐果率高，栽培中必须严格疏花疏果，以防止果实偏小。无严重的苹果斑点落叶病、白粉病等叶部病害的发生。由于果实在7月底已成熟采收，避开了苹果的炭疽病、轮纹病等发病时期，在虫害上与美八、嘎拉等其他主栽品种相比，无特别严重的虫害发生。成熟前持续高温、干旱时间较长的果园，果实会出现日灼和糖蜜病现象。

7. 威海金

又名维纳斯黄金，日本用金帅自然杂交种子播种选育的品种。果实长圆形，平均单果重247g，与金帅相似，果形指数为0.94，可溶性固形物含量15.06%，无酸味，甜味浓，有特殊芳香气味，果实硬度7.6kg/cm^2，果肉硬，果汁多、品质好，10月中旬后达到可食采摘期，11月上旬采收风味浓郁。自然贮藏3个月以上。

无袋栽培果实呈黄绿色或金黄色，阳面偶有红晕；套袋栽培果实在摘袋后，部分果实阳面常着生一层淡淡的红晕，其他部位为金黄色，不摘袋的果实则通体为金黄色。外观匀称周正，果形指数0.94左右。果实硬度较大，果汁丰富，可溶性固形物含量15.3%以上，果肉多淡黄色，果实有浓郁的芳香味，甜脆味美，口感独特，令人回味无穷。威海金在生产中应注意防控斑点落叶病和褐斑病。

8. 爱妃

爱妃原产于新西兰，由嘎拉和布瑞本杂交选育而成的优良苹果品种，继承了皇家嘎拉的甜脆和布瑞本的肉白、脆嫩和多汁的优良品质，但比双亲更甜。爱妃具有诱人的红色果皮，果实风味、果汁含量和芳香味俱佳。果肉不易被氧化而发生褐变，能更好地保持果肉原有的颜色和味道。

果实近圆形，大型果，果个在75～95mm，果实着红色或暗红色；果肉致密，硬度大，脆，酸甜适口，多汁，贮藏后糖度可达16.5%，品质极上。普通冷藏可贮藏至第二年3月，气调贮藏可贮藏至第二年7月。切开后爱妃苹果可以在1～2h内都不变色。树姿较开张，树势稳健，干性中强，易成花，连续结果能力强，丰产。

9. 福丽

青岛农业大学用特拉蒙和富士杂交育成。果实近圆形，较大，平均单果重239.8g，果面光洁，底色黄绿，未套袋果实全面着浓红色；果肉黄白色，肉质致密，果实去皮硬度9.5kg/cm^2，可溶性固形物16.7%，可滴定酸0.28%；汁液中多，味甘甜，风味浓，香气浓郁，品质优。福丽果实的发育期为165d左右，10月中旬成熟。

福丽品种有3个突出特点，一是栽培期间不需要套袋，果实就能全面呈浓红色，非常漂亮；二是与山东省广泛栽培的富士品种相比，可溶性固形物含量高1.2%，口感上明显更甘甜；三是果实采摘后耐贮藏，抗病性强，叶片高抗叶枯病和早期落叶病。

10. 明月

明月苹果源于日本，由赤城和富士杂交培育的品种，以色艳、皮薄、汁多、肉脆而闻名，市场上又叫水蜜桃苹果。

果实近圆形，圆润，果形端正，单果重320～700g，果面黄绿色，向阳面晕染粉色，十分诱人；果肉乳白色、微黄，口感清爽，汁甜肉脆，香气浓郁，多汁，可溶性固形物15.0%以上，拥有水蜜桃的多汁和苹果的脆甜。明月苹果自花结实能力很强，9月底至10月初成熟，幼树生长旺盛，树姿较开张，结果后树势中庸，丰产性好，果实耐贮存，可以自然存放4个月。

11. 烟富8

烟台现代果业科学研究所2002年从烟富3中选出的芽变品种，2013年通过了山东省农作物品种审定委员会审定。果实长圆形，高桩，果形指数0.91，平均单果重315.0g；果点稀小，果面光滑，全面着色，浓红艳丽；着色快，摘袋后开始上色和上满色时间比对照品种烟富3早5d，摘袋第8天着色95.5%以上，比烟富3高11.3个百分点，全红果率81%以上，不易褪色；果肉淡黄色，肉质致密，细脆多汁，甜酸适口，可溶性固形物15.4%，硬度9.2kg/cm^2，比烟富3

高7.0%。果实发育期185d左右，在烟台地区10月下旬成熟。选用嘎啦、元帅系、千秋等为授粉品种；花果及肥水管理、病虫害防治等技术与一般富士品种相同。

12. 烟富10

烟台市果树工作站2000年从烟富3果园中选出的芽变品种，2012年通过了山东省农作物品种审定委员会审定。果实长圆形，果形指数0.9；平均单果重326g，比对照品种烟富3高7.9%；果面着浓红色，片红，全红果比例81%以上；果肉淡黄色，肉质细脆，可溶性固形物含量15.3%，硬度9.2kg/cm^2。果实发育期180d左右，在烟台地区10月下旬成熟。

13. 粉丽

鲜食、加工兼用，又名粉红佳人、粉红女士、粉红丽人，是澳大利亚以威廉女士与金冠杂交培育的苹果品种，烟台市果树工作站1995年从澳大利亚引入我国，2011年通过了山东省农作物品种审定委员会审定。果实近圆柱形，果形端正，高桩，平均单果重184.5g，果形指数0.89。果实底色绿黄，全面着粉红色或鲜红色，色泽艳丽，着色指数94.8%，果面洁净，不平整，有光泽，蜡质多，果粉少，无果锈，外观极美。果肉乳黄色，脆硬，风味酸甜，可溶性固形物14.9%，硬度8.2kg/cm^2；果实发育期195d左右，在烟台地区11月中旬成熟。

该品种树势强健，树姿较直立，萌芽率高，成枝力中等。幼树以长果枝和腋花芽结果为主，成龄树中、短枝和腋花芽均可结果。易成花，丰产性好，适应性强。

14. 瑞香红

西北农林科技大学以秦富1号×粉红女士杂交选育，2020年通过陕西省林木品种审定。

果实长圆柱形，高桩，果形指数0.97，果实大小中等，平均单果重197g；果实深红色，易着色，果面光洁，果点小，外观品质好；果肉黄白色；果实硬度8.6kg/cm^2，可溶性固形物含量16.9%，可滴定酸含量0.29%。成熟期10月下旬，商品率高，耐贮藏。

该品种树姿直立，成龄树中庸偏旺，萌芽力强，成枝力中等，矮化自根砧情况下第二年成花，第三年零星挂果，以中长果枝结果为主，易成花，无大小年，对白粉病、褐斑病、炭疽叶枯病有较强抗性，在黄土高原低海拔产区及同类生态区有良好发展潜力。

第二节　栽培技术

一、苗木质量要求

（一）矮化自根砧苗木

总体要求为砧木品种纯正，嫁接部位愈合良好；砧木长度25～30cm；苗木健壮直立，根系完整；无机械损伤和检疫对象。

1. 一级苗木

砧木中部直径2.0cm以上，嫁接口上部10cm处直径大于1.5cm；高度180cm以上，中干70cm以上部位均匀着生角度开张、粗度适宜、长度大于30cm的侧枝8条以上；根部有长25cm以上的骨干根10条以上。

2. 二级苗木

砧木中部直径达到1.5cm，嫁接口上部10cm处直径达到1.2cm；高度150cm以上，中干70cm以上部位均匀着生长度大于

25cm的侧枝5条以上；根部有长20cm左右的骨干根8条以上。

（二）矮化中间砧苗木

总体要求为砧木品种纯正，嫁接部位愈合良好；基砧（海棠等）地面以上长度为10～15cm，中间砧段长20～30cm；苗木健壮直立；根系完整，无明显主根（幼苗期须进行断根处理）；无机械损伤和检疫对象。

1. 一级苗

中间砧段中部直径大于1.5cm，高度150cm以上；根部20cm以上的侧根不少于8条。

2. 二级苗

中间砧中部直径1.2cm左右，高度130cm以上；根部20cm以上的侧根不少于6条。

二、适地栽培

园地选择要求周边无污染源，灌溉用水、土壤及大气环境等条件均达到苹果生态化生产的基本要求。丘陵坡地，要求活土层达到40cm，有机质含量1.0%以上。平原地区，要求地下水位在1.5m以下。要求建园前要规划出水、电、路、渠及防风林带，要配备果园水肥一体化装备、防雹网、防鸟网以及果园分拣场所、贮藏场所、有机肥堆肥场所等。

三、栽前准备

（一）土壤分析与改良

在定植前一年，进行土壤分析，依据结果对土壤pH值和有机质含量进行调整。适宜的pH值为6.0～6.5，适宜的有机质含量在1.5%以上。

（二）耕翻起垄

每亩撒施优质土杂肥4 000kg以上，并进行全园耕翻耙平，沿行向起垄，垄宽100～120cm、高30cm左右。

推广集中施肥技术，提倡果园建园时基肥一次性施用，操作时开挖深80～100cm、宽80cm的定植沟，施入30m^3/亩左右的有机物料，在定植沟内地表下20～40cm与土壤1∶1混合均匀，然后在其上填土与地面持平，充分浇水“阴坑”，栽前用表土在定植穴中央填土堆成馒头状，准备栽植。土壤黏重，土层较薄的山地不宜开穴，最好起垄栽培。

四、栽植时期

苹果栽植时间提倡以春天栽植为主，最好现起苗木现栽，秋、冬起的苗要保证假植条件。有条件的地方或生产需要也可以采用秋栽，但秋栽的苗木要特别注意栽植时间和冬季的防护，主要是防止枝干的冬季“抽条”，要注意灌足底水和培土保护。

五、大苗建园、支架设置及授粉树配置

（一）大苗建园

选用2～3年生的矮砧优质大苗建园，要求苗木高度1.5m以上，品种嫁接口以上5cm处直径达到1.0cm，芽眼饱满，根系完整，无病虫害及检疫对象。

（二）支架设置

苗木栽植后要设立支架。支架材料有水泥柱、竹竿、铁丝等。

顺行向每隔10～15m设立一根高4m左右的钢筋混凝土立柱，上面拉3～5道铁丝，间距60～80cm。每株树设立1根高4m左右的竹竿或木杆，并固定在铁丝上，再将幼树主干绑缚其上。

（三）授粉树配置

授粉品种按与主栽品种1：（5～6）比例配置。以行为单位配置授粉树，较稀植时主栽品种与授粉品种配置比例为（1～3）：1；密植时可按4：1配置；以株为单位，配置授粉树最低比例为8：1。提倡选用海棠类专用授粉树，按1：（8～15）的比例均匀配置，国内常用海棠类授粉品种应用比较多的是红峰，也称为红玛瑙。另外，雪球、红丽、绚丽效果也不错；此外，凯尔斯、火焰、钻石等也适于做我国苹果的专用授粉树。

六、宽行密植、起垄栽植

长方形栽植，并在土地两头需要预留拐弯的空间，以便于机械化操作和拐弯。根据立地条件确定栽植株行距，T337等M9矮化自根砧苗木株行距（0.8～1.2）m×（3.2～3.5）m，M7、MM106等矮化自根砧苗木和M26、SH系等矮化中间砧苗木株行距（2.0～2.5）m×（4.0～4.5）m。以确定好的树行为中心线起垄，垄宽1.0～1.2m，垄高30cm左右。

提倡起垄栽植，撒施优质土杂肥4 000kg/亩以上，并进行全园耕翻耙平，沿行向起垄，建园时将行间的土挖到垄上，垄宽1.0～1.2m，垄高30～50cm，在垄畦中间挖穴栽树，栽植深度与苗木圃内深度一致或略深3cm左右。定植后及时灌水，待水渗下后划锄松土，并在树盘内覆盖1.0～1.2m^2地膜保墒。栽植前对苗木的砧木、品种进行审核、登记和标志后，放入清水浸泡根系24～48h，并对根系进行消毒处理。

第三节　肥水管理

一、施肥原则

苹果生产中有机肥料投入不足，部分果园立地条件差，土壤板结严重、透气性差、保水保肥能力弱，集约化果园氮、磷化肥用量偏高。胶东和辽东果园土壤酸化现象普遍，中微量元素钙、镁和硼缺乏时有发生。石灰性土壤地区果园铁、锌和硼缺乏问题普遍。部分地区果农对基肥秋施认识不足，春、夏季果实膨大期追施氮肥数量和比例偏大。黄土高原和黄河故道产区夏、秋季降雨偏多，早期落叶病发生普遍。应遵循如下施肥原则。

一是增施有机肥，提倡有机、无机配合施用。

二是依据土壤肥力条件和产量水平，适当调减氮、磷化肥用量，根据树势和产量水平分期施肥。注意硅、钙、镁、硼和锌的配合施用。

三是加强果园土壤管理，实行果园生草、起垄栽培等方式，推广水肥一体化、下垂果枝修剪等技术。

四是出现土壤酸化的果园可通过施用石灰或硅钙镁钾肥等改良土壤。

五是发生早期落叶病的果园要重视基肥，并加强采收后落叶前的叶面施肥，提高树体贮藏营养水平，防止冬季低温冻害和春季抽条等。

六是幼树磷肥施用量大些，氮、磷、钾比例1∶（1～2）∶1；盛果期氮、磷、钾比例为2∶1∶2。

七是依据土壤速效钾状况，高效施用钾肥；注意钙、镁、硼、锌和硅的配合使用。

二、施肥建议

渤海湾产区施用农家肥（腐熟的羊粪、牛粪等）2 000kg（约$6m^3$）/亩，或商品有机肥500kg/亩，或饼肥200kg/亩。黄土高原产区施用农家肥（腐熟的羊粪、牛粪等）1 500kg（约$5m^3$）/亩，或商品有机肥400kg/亩，或饼肥150kg/亩。

亩产4 500kg以上的果园，氮肥（N）15～25kg/亩，磷肥（P_2O_5）7.5～12.5kg/亩，钾肥（K_2O）15～25kg/亩。

亩产3 500～4 500kg的果园，氮肥（N）10～20kg/亩，磷肥（P_2O_5）5～10kg/亩，钾肥（K_2O）10～20kg/亩。

亩产3 500kg以下的果园，氮肥（N）10～15kg/亩，磷肥（P_2O_5）5～10kg/亩，钾肥（K_2O）10～15kg/亩。

盛果期大树施用硅钙镁钾肥80～100kg/亩。土壤缺锌、硼和钙的果园，相应施用硫酸锌1～1.5kg/亩、硼砂0.5～1.0kg/亩、硝酸铵钙约20kg/亩，与有机肥混匀后在9月中旬到10月中旬施用（晚熟品种采果前后尽早施用）；施肥方法采用穴施或沟施，穴或沟深度40cm左右，每株树3～4个（条）。

三、施肥方法

1. 基肥

提倡秋施基肥，采用树冠投影内缘挖环状或条状施肥沟，为便于机械化操作，建议顺行挖施肥沟，沟宽80cm，沟深60～80cm，将有机肥、化肥与土壤混匀后施入，施肥后及时浇水。不论是秋施基肥还是追肥要求深度要达到40cm以上。在9月中旬到10月中旬（晚熟品种采果前后尽早施用），在有机肥和硅钙镁钾肥基础上氮、磷、钾配合施用。渤海湾产区建议采用高氮、高磷、中钾型高浓度复合肥，用量50～75kg/亩。黄土高原产区建议采用平衡型高浓度复合肥，用量40～50kg/亩。提倡采用叶片、土壤营养分析的先进方法进行测土配方施肥，有条件的果园应每隔3～5年做一次土、叶分析，并根据分析结果调整果园的施肥方案。

2. 追肥

以速效化肥为主。在树冠下挖40cm深的条沟，将化肥均匀施入并覆土和浇水。

第一次在4月中旬进行，以氮、磷为主，适当补充钙肥，建议施一次硝酸铵钙（或25-5-15硝基复合肥），施肥量渤海湾产区30～60kg/亩、黄土高原产区20～40kg/亩。

第二次在6月初果实套袋前后进行，根据留果情况氮、磷、钾配合施用，增加磷、钾肥比例，建议施一次高磷配方或平衡型高浓度复合肥，施肥量渤海湾产区30～60kg/亩、黄土高原产区20～40kg/亩。

第三次在7月下旬到8月中旬，根据降雨、树势和产量情况采取少量多次的方法进行，施肥类型以高钾配方为主（10-5-30或类似配方），施肥量渤海湾产区25～30kg/亩、黄土高原产区15～25kg/亩。

3. 根外追肥

提倡落叶前、发芽前通过喷施尿素增加树体营养。

10月底至11月中旬，叶面喷施3遍尿素、硼砂和硫酸锌，增加贮藏营养。第一遍在10月底开始喷0.5%～1.0%尿素；7d后喷第二遍为2.0%～3.0%尿素+0.5%硼砂+1.0%～2.0%硫酸锌；在7d后喷第三遍为5.0%～7.0%尿素+0.5%硼砂+5.0%～6.0%硫酸锌，第三遍的浓度根据叶片衰老程度确定，老化程度越高浓度越低。

发生早期落叶病的果园在第二年春季萌芽前再连续喷施3遍尿素和硼砂。第一遍在2月底开始喷3%尿素，7d后喷第二遍为2.0%尿素+0.5%硼砂，再7d后喷第三遍为1.0%尿素+0.5%硼砂。

四、水分管理

（一）灌水时期

一般气候条件下，分别在苹果萌芽期、幼果期（花后20d左右）、果实膨大期（7月中旬至8月下旬）、采收前及土壤封冻前进行灌水。采收前灌水要适量，封冻前灌水要透彻。

（二）水分管理

1. 小沟交替灌溉

在树冠投影处内两侧，沿行向各开一条深、宽各20cm左右的小沟，进行灌水。

2. 滴灌

顺行向铺设一条或两条滴管，为防止滴头堵塞，也可将滴管固定在支柱或主干上，距地面20～30cm。一般选用直径10～15mm、滴头间距40～100cm的碳黑高压聚乙烯或聚氯乙烯的灌管和流量稳定、不易堵塞的滴头。流量通常控制在2L/h左右。

3. 排水

保持果园内排水沟渠通畅，确保汛期及时排除园内积水。

五、水肥一体化技术

果树生长前期维持在田间持水量的60%～70%，后期维持在田间持水量的70%～80%，灌水量根据降雨情况适当微调，总量是按照150～200m^3/亩进行设计。萌芽前后水分充足时萌芽整齐，枝叶生长旺盛，花器官发育良好，有利于坐果。大型果园可以安装土壤张力计、土壤水分监测系统、气象站等对土壤水分进行监测。盛果期水肥一体化方案见表7-1。

表7-1　盛果期水肥一体化方案

生育时期	灌溉次数	灌水定额［m^3/（亩·次）］	每次灌溉加入养分占总量比例（%）		
			N	P_2O_5	K_2O
萌芽前	1	30	10	10	0
花前	1	10	5	5	5
花后2周（5月初）	1	10	5	5	5
花后4周（5月上旬）	1	10	5	5	5
花后6周（5月中旬）	1	10	5	5	5
6月初	1	15	10	20	20
夏秋肥	4	85	60	50	60
合计		170	100	100	100

第四节　树体管理

一、合理树形

标准果园应根据果园砧木和栽培密度选择合适树形，同一小区应保证树形一致，以便于管理。生产中常用的树形有纺锤形（包括高纺锤形、自由纺锤形、细长纺锤形、改良纺锤形）和小冠疏层形等，要求树体骨架牢固，主枝角度开张，枝系安排主次分明，上下内外风光通透，结果枝组健壮丰满，分布均匀，有效结果体积在80%以上。

（一）高纺锤形

适用于株距1.2m以内的果园。干高0.8～1.0m，树高3.2～3.5m，中干上直接着生25～40个侧枝。侧枝基部粗度不超过着生部位中干粗度的1/3，长度60～90cm，角度大于110°。

（二）自由纺锤形

适用于株距2.0～2.5m的果园。干高0.6～0.8m，树高3.5～4.0m，中干上着生20～35个侧枝，其中下部4～5个为永久性侧枝。侧枝基部粗度小于着生部位中干的1/3，长度100～120cm，角度90°～110°。侧枝上着生结果枝组，结果枝组的角度大于侧枝的角度。

二、整形

（一）高纺锤形（矮化自根砧果园宜选用高纺锤形）

1. 定植当年

带侧枝苗中干延长枝不短截，对粗度超过着生部位中干1/3的侧枝，全部采用马耳斜极重短截，其余侧枝角度开张至110°以上。6月中旬至7月上中旬，控制竞争新梢生长，保持中干优势。7月下旬至8月中旬，对当年新梢拉枝开张至110°以上。

2. 定植第二年

春季修剪时，主干距地面80cm以下的侧枝全部疏除；80cm以上的侧枝，枝轴基部粗度超过着生部位1/3的，根据着生部位的枝条密度进行马耳斜极重短截或疏除，其余侧枝角度开张至110°以上。对于当年形成的新梢处理方式与第一年相同。

3. 定植第三年

基部直径超过2cm的侧枝，根据其着生部位的枝条密度进行马耳斜极重短截或疏除，但单株疏除量一般每年不超过2个。对于当年形成的新梢处理方式与第一年相同。侧枝长度控制在60～90cm。

（二）自由纺锤形（矮化中间砧果园宜选用自由纺锤形）

1. 定植当年

栽植后，疏除全部侧枝，保留所有饱满芽定干。萌芽前进行刻芽，即从苗木定干处下部第五芽开始，每隔3芽刻1个，刻至距地面80cm处。生长期间，及时控制竞争新梢生长及其他新梢开张角度。

2. 定植第二年

发芽前1个月，对中干延长枝短截至饱满芽处，并进行相应的刻芽。对中干上的侧枝，长度在20cm以下的，根据其密度疏除或甩放，20cm以上的全部马耳斜极重短截。5月中下旬至6月中旬，对基部粗度超过中干1/3的新梢再次进行短截；7月下旬至8月中旬，对侧生新梢拉枝开张至90°～110°；对侧生新梢背上发生的二次梢及时摘心或拿梢，控制生长。

3. 定植第三年

发芽前一个月，围绕促花进行修剪，疏除基部粗度超过着生处中干1/3的侧枝，其余侧枝角度开张至90°～110°，同时对枝条进行刻芽，并应用必要的化学、农艺措施促花。

4. 定植第四年

春季修剪时，不再对主干延长枝进行短截，冬季修剪的主要任务是疏除密挤枝。同样情况下，疏下留上、疏大留小；树龄在10年以上的疏老留新。修剪的重点放在夏季，主要采用摘心、拉枝、疏剪的方法，调整树体结构和长势，促进花芽分化。

三、修剪

（一）冬剪方法

1. 开张主枝角度

尽量开张主枝角度，削弱顶端优势，促生分枝，增加枝叶量。主枝角度的开张，应从栽后第1～2年开始，在3年内基本完成基角的开张，4年内完成腰脚开张。同时还要注意辅养枝、临时枝及背上枝角度开张，防止旺长，一般要求拉成平斜为好。

2. 轻剪留放

采取减势修剪法，轻剪留弱芽当头，削弱了剪口枝的长势，促进下部枝芽萌发，减缓树冠扩展，提高中、短枝比例。

3. 疏枝

去粗留细、去强留弱、去直留斜，疏枝既可改善通风透光条件，又有利于养分的积累和花芽的形成。

（二）夏剪方法

1. 摘心

于5月下旬至6月上旬，当新梢半木质化时，在10～15cm处摘心，发出副梢又长到15cm时，在5cm处摘心。

2. 扭梢

一般在5月下旬至6月上旬，当枝条下部4～5片叶处半木质化时，拧转180°，别住并使枝头朝下，10～15d后，伤口处还没完全愈合好时再轻轻向上掀动一下。

3. 环剥、环割

主要用于幼旺树，在主干、主枝或强旺辅养枝上进行。环剥口大小一般不超过干径1/10或为韧皮部厚度。

4. 秋拿枝

从新梢基部5～10cm部位开始，用中指和无名指夹住枝条，拇指从上部用力把枝条压弯并稍下垂，逐步向梢端移动，以松手后枝条平斜或下垂不恢复原姿为度，拿枝时可听到枝内维管束的断裂声。损伤木质但不折断。

（三）修剪原则

矮砧栽培苹果树的修剪重要的是应该掌握“二强、五度”修剪的原则。

1. 二强

（1）要始终保持健壮树势。

（2）保持树体中干的强势。

2. 五度

（1）枝条的高度。一般最下端枝梢距地面高度应控制在70～80cm。

（2）枝条的长度。一般枝梢长度控制在60～90cm。个别枝梢长度110cm，只要不妨碍行间作业即可保留，一般应该控制不超过5%。

（3）枝条的密度。25～35个结果枝/株。

（4）枝条的角度。拉枝角度应达到90°～110°，个别可以到120°。

（5）枝条的粗度。枝轴直径不能超过2.0cm。

（四）四季修剪

四季修剪是树体周年管理的一个重要环节，也是冬剪的继续和完善，提倡四季修剪，随时调整树势。

1. 刻芽

通过刻芽可促发新枝，增加枝量，补充成花。刻芽的对象主要是幼树的缺枝部位，成龄树大枝的光秃部位以及长旺营养枝，前者主要是补充大枝，而后者则是让其抽生小枝，为成花做准备。

2. 花前复剪

花前复剪是冬剪的继续，重点是剪除病虫枝、干残枝以及冬剪遗留的问题。疏除细弱花枝，回缩部分串花枝，也可疏除一些冬剪多留的无花枝。

3. 抹芽

在萌芽后至新梢旺长期，对主干上、主枝背上及基部20cm以内以及剪锯口、环切口周围不可利用的萌芽全部抹去，其他部位应留优去劣，调整密度，保留可利用枝条。

4. 拉枝

重点是拉小枝，幼树可在收麦前和8—9月进行，盛果树应合理安排时间，从树液开始流动到套袋前均可，拉枝方法应按照“一推、二揉、三压、四定位”的步骤进行，对一些小枝也可用开角器进行开角，拉枝的对象主要是向上生长的强枝、旺枝和角度达不到斜下垂的大型结果枝。拉枝的角度要按各类树形的具体要求确定。

5. 疏枝

进入秋季，应彻底疏除中心干、主枝上的无用新枝和剪锯口萌生枝。

6. 拿枝

夏、秋季随时对更新和刻出的新枝进行拿枝，插枝补空，缓势促花。

第五节　花果管理

一、花前复剪

花前复剪适宜在花芽萌动后至盛花前进行，最适宜时期是花芽膨大至花序分离期，此时花芽显著膨大、现蕾、花序逐渐分离，花芽和叶芽容易准确辨别，进行花前复剪既准确可靠，又方便快捷。通过复剪，调节花量，集中营养，减少消耗，提高坐果率。一般壮树花枝和叶枝比为1：3，枝果比为（3～4）：1，弱树花枝和叶枝比为1：4，枝果比为（4～5）：1。花前复剪之后，果园留枝量7万～8万条/亩，花枝量2万～3万条/亩。

二、促进坐果

（一）花期喷硼

盛花初期喷0.2%～0.3%的硼砂溶液。试验表明落叶前和发芽前喷尿素+硼砂不但提高树体贮藏营养，而且对提高坐果率有显著的作用。

（二）壁蜂授粉

初花前3～5d开始放蜂，每800m^{2}设一个壁蜂巢箱，蜂箱距不超过300～500m，每亩释放壁蜂200～300头。放蜂期间严禁使用任何化学药剂。

（三）人工授粉

人工授粉作为辅助授粉手段，在苹果盛花初期用鸡毛翎沾花粉点花进行授粉，每个花序点授1～2朵花。授粉时间在9—11时、14—16时。

（四）“倒春寒”的预防

在花期的时候注意观察天气预报，在冷空气到来之前，采取果园生烟、喷水、喷施天达2116、碧护等防冻措施。

1. 延迟萌芽开花，躲避霜冻

果园早春灌溉：果树萌芽到开花前灌水2～3次，降低地温，可延迟开花2～3d。

树体涂白：早春树干、主枝涂白或全树喷白，以反射阳光，减缓树体温度上升，可推迟花芽萌动和开花2～3d。

2. 果园喷水及营养液，增强树体抗寒力

在霜冻来临前，对果园进行连续喷水，或喷布0.2%～0.3%尿素、磷酸二氢钾，可增强抗冻能力。

3. 果园熏烟，改善果园小气候

在霜冻来临前，利用锯末、麦糠、碎秸秆或果园杂草、落叶等交互堆积作燃料，既可增加环境热量，又可减少辐射降温，提高果园气温。

4. 果园安装防霜机

在果园上空使用大功率鼓风机搅动空气，可以吹散冷空气的凝集，有预防霜冻的效果。

（五）霜冻发生后的应急管理技术

1. 停止疏花、延迟定果

发生霜冻灾害的苹果园，应立即停止疏花，以免造成坐果量不足；定果时间，推迟到幼果坐定以后进行。

2. 果园灌水，叶面喷肥

冻害发生较重果园，应尽力采取各种方法灌溉，缓解树体冻害对树体造成的不利影响，提高生理机能、增强抗性。采取叶面喷施0.3%～0.5%尿素、0.2%～0.3%硼砂或其他叶面肥料，以补充树体营养，促进花器官发育和机能恢复，促进授粉受精和开花坐果。

3. 强化人工授粉，提高坐果

采用人工点授、器械喷粉、花粉悬浮液喷雾等多种方法进行人工授粉，可以解决冻害后由于授粉昆虫减少、花粉和雌蕊生活力下降引起的授粉困难和授粉不足的问题。授粉时间以冻后剩余的有效花（雌蕊未褐变的中心花、边花或腋花芽花）50%～80%开放时进行，重复进行2～3次。

4. 保障坐果，精细定果

对于冻害严重、有效花量不足的果园，应充分利用晚花、边花、弱花和腋花芽花坐果，保障坐果量。幼果坐定以后，根据整个果园坐果量、坐果分布等情况进行一次性定果。定果时力求精细准确，要充分选留优质边花果和腋花果，必要时每花序可保留2～3个果实，以弥补产量不足，确保有良好的产量和经济效益。

5. 加强病虫害防控

主要是及时防治金龟子、蚜虫、花腐病、霉心病、黑点病、腐烂病等为害果实和花朵的病虫害，以免进一步影响产量。有条件的果园一定要春季灌水，结合灌水增施有机肥和化肥；提高树体营养水平，使部分受冻害较轻的花果得到恢复。

三、调控产量

（一）以产定果

根据树龄、树势及管理现状，合理确定目标产量，一般控制产量在2 500～3 500kg/亩；一般按照每千克5个苹果即200g左右一个果的原则确定数量，如亩产3 500kg，即预留17 500个果/亩，再加上10%的风险系数即1 750个，合计预留19 250个果/亩。然后根据果树密度，计算出每株的留果量。

（二）疏花

疏花在4月上中旬苹果花露红时开始，每15～20cm选留1个健壮花序，每花序只保留中心花坐果，边花全部疏除。疏掉晚开的花留早开的花；疏掉各级枝延长头上花，并保持多留出需要量的30%。

（三）疏（定）果

为减少养分消耗，疏果的关键是抓“早”，花后两周开始疏（定）果，30d内完成。疏边果留中心果，疏小果留大果，疏扁圆果留长圆果，疏畸形果、病虫果留好果；多留冠内果，少留或不留梢头果；留果台副梢壮的果，不留果台副梢；健壮枝上多留果，弱枝少留果。按间距法留果，留果间距为大型果品种20～25cm，中型果品种15～20cm，小型果品种15cm左右；按叶果比法留果，大型果叶果比为（25～30）：1，小型果叶果比为（15～20）：1。

（四）苹果化学疏花疏果技术

化学疏花疏果技术在国外苹果生产上已成为一项常规措施，目前常用的是山东省果树研究所研发的疏花疏果剂“智舒优花、智舒优果”。

用疏花剂“智舒优花”疏花的，原理是，灼伤边花雌蕊柱头和花柱，阻碍授粉受精，从而达到不让其发育为果实的目的。适宜喷施浓度为“智舒优花”150～250倍液。适宜喷施时期为初盛花期（75%的中心花开放时）、盛花期（全树75%的花朵开放时）各喷1次。

用疏果剂“智舒优果”疏果的原理是，阻抑碳水化合物运输，减少碳水化合物供应幼果。适宜浓度为1.5～2.5g/L（400～660倍液）。适宜时期为盛花后10d（中心果直径6～7mm时）喷第一次，盛花后20d（中心果直径10～12mm时）喷第二次。

四、果实套袋

（一）果袋选择

黄色和绿色品种选用单层纸袋，红色品种选用内袋为红色的双层纸袋，实行全园全树套袋。

（二）套袋前的管理和套袋时间

谢花后30d左右开始，2周内完成。套袋前3d全园周密喷一遍杀虫、杀菌剂。临沂最佳时间为5月20日至6月5日，而一天中以8—10时、15—17时为适宜套袋时间。

套袋前最后一遍药应在套袋3d前结束，或现喷现套，套袋时务必等果面药液干后进行。套袋后的病虫害防治主要以保叶为主。

（三）正确应用套袋技术

套袋时用手先将袋子撑开，使纸袋充分膨胀，角底通风口张开，右手持袋，左手食指和中指夹住果柄，双手拇指伸入袋里，推果入袋。然后全拢袋口，两手折叠袋口2～3折，再把袋口金属丝折叠成“V”形夹住袋口即可。应注意的问题是，防止果柄受损伤，引起落果；幼果要放在袋中央，不能紧贴果袋，防止烧伤；袋口必须扎紧，防止进水。

（四）去袋与着色管理

1. 去袋时间

去袋一般在10月上旬，去袋后1～3d应喷一遍70%安泰生800倍液、8%宁南霉素2 500倍液，防止斑点落叶病菌侵染套袋果。采收应在去袋后20d左右，采收过早套袋果容易脱色，过晚则果皮显得粗糙，色泽发暗。

2. 铺设反光膜

摘袋后3～5d铺设反光膜，反光膜使树冠下部0.5～1m冠区直射光增加18.6%～34.1%，增加树冠中下部紫外线比例，提高果面着色面积。一般质量较好的是聚丙烯、聚酯铝箔、聚乙烯的纯料双面复合膜，韧性强，反光率高，抗氧化能力强，其反光率可达60%～70%，比普通膜高3～4倍，可连续使用3～5年。反光膜铺好后要随时清理反光膜上的枯叶或者是雨后的积水，避免反光膜上的枯叶和雨水影响反光效率。同时注意反光膜使用完毕后要撤膜回收，第二年再用或集中处理，防止污染果园。

3. 摘叶与转果

套袋苹果的摘叶要在去袋后3～5d进行，要把那些果实附近影响光照的叶片摘去，摘叶量以20%～30%为宜。果实的转果要在去袋后7d左右进行，把那些有果台副梢横在果面上和有依托的果实进行转果。转果时，用手轻轻地把果实阳面转向背阴面。

（五）加强地面管理

去袋后，如果地面湿度大，积水会对果实着色有影响，要多划锄，保持地表土干燥；再把那些离地面近的无效枝、主枝背上影响光照枝部分疏除。

五、果实免袋栽培

套袋苹果颜色特别鲜艳，上色快，皮孔特别小，但套袋人力、物力逐步提升。随着消费者日益对果品内在品质的重视，免套袋技术是今后发展的趋势，免套袋苹果的含糖量、硬度、风味、香气均比套袋苹果要高，其中含糖量要高出1～2个百分点。

苹果免套袋技术通过建立以主要病虫害预测预报为先导，农业、生物、物理防控为核心，配套精准药剂防控的技术体系，有效降低虫果率和病果率，提升果实内在品质和外观品质。其中，免套袋栽培关键是做好病虫害防控和果实外观品质提升工作，其他管理工作与套袋栽培基本一致。目前免套袋苹果园虫果率可控制在0.1%～0.9%，病果率在0.1%～1.4%。红色品种果面浓红，光洁度与套袋果无差异。单果重增加18.0～34.4g，可溶性固形物含量提高17.7%～21.2%，风味浓郁，可节约成本3 500～5 500元/亩。

六、适期采收

根据苹果的不同成熟程度，可分为未熟期、适熟期、完熟期和过熟期4个阶段。未熟期果实没有达到应有的风味；适熟期果实成熟适中，既保留品种应有的品质，又符合果实贮藏、运输的硬度；完熟期果实食用品质、风味最佳，但耐贮性较差；过熟期果实（美国八号、藤牧一号、金冠、红星、华红等早中熟品种）在树上味道已经明显变淡，果肉发面。根据果实成熟度、用途和市场需求等因素确定采收适期。适期采收，就是根据苹果本身的特点、上市时间、运输距离和条件、贮藏时间等，选择合适的成熟度进行采收。采后直接销售或短期贮藏的苹果可以适当晚采。成熟期不一致的品种，应分期采收。

长期贮藏的苹果要适期采收，只有适时采收的果实才能获得最佳的贮藏能力，过早或过晚采收均不耐贮藏。采收过早，不仅影响产量，而且果实含糖量低，风味淡，色泽差，果面蜡质层薄，贮藏过程中易失水皱皮影响外观和品质。采收过晚，果实成熟，接近衰老阶段，果实松软，有时还会使果实发病率提高。

第六节　病虫害防治技术

苹果病虫害6个关键防控期防控对象、用药时间和选用药剂见表7-2。

表7-2　苹果病虫害6个关键防控期防控对象、用药时间和选用药剂（李宝华，2020）

防治时期	防控对象	用药时间	选用药剂
开花前	苹果瘤蚜、苹果绵蚜、绣线菊蚜（苹果黄蚜）、苹果全爪螨（苹果红蜘蛛）、白粉病、绿盲蝽	花露红期，或距开花期15d左右	1～2°Bé的石硫合剂；或一种杀虫剂和一种杀菌剂。杀虫剂宜选用能兼治蚜虫、绿盲蝽、苹果小卷叶蛾和苹果全爪螨，且对（蜜）蜂类低毒的药剂。杀菌剂针对白粉病选择具有内吸治疗性药剂，并保护叶果在花期不受锈病等病菌的侵染

（续表）

防治时期	防控对象	用药时间	选用药剂
谢花后	苹果霉心病、山楂红蜘蛛；兼治白粉病和锈病；考虑绿盲蝽和蚜虫	若花蕾受低温冻害或花期遇雨，以防治霉心病为主，喷药时间应提前到授粉结束至谢花期；当花期干旱无雨，以防治山楂红蜘蛛为主，用药时间推迟到谢花后的7～10d	一种杀菌剂和一种杀螨剂；当绿盲蝽或蚜虫种群数量大，确实需要防治时，应混加对绿盲蝽和蚜虫高效的内吸性杀虫剂。杀菌剂宜针对霉心病菌中粉红单端孢和链格孢选择防治效果好的广谱性杀菌剂，并兼治白粉病；花期遇雨应选用对锈病具有兼治效果的内吸性药剂。杀螨剂宜选用对山楂红蜘蛛卵和若螨防治效果好、持效期长的杀螨剂
套袋前	套袋苹果粉红单端孢黑点病、山楂红蜘蛛和苹果全爪螨；兼治轮纹病和褐斑病；考虑苹果绵蚜、康氏粉蚧和绣线菊蚜	套袋前喷药宜在苹果套袋前的1～2d内喷施，待果面的药液完全干燥后再进行套袋	一种杀菌剂和一种杀螨剂；康氏粉蚧、绵蚜或绣线菊蚜种群密度大，确实需要防治时，应混加对蚜、蚧类防治效果好的内吸性杀虫剂。杀菌剂重点针对套袋苹果粉红单端孢黑点病选用高效、广谱且持效期较长的杀菌剂。杀螨剂宜选用对山楂红蜘蛛高效且持效期长的杀螨剂
6月雨季来临前	苹果褐斑病、炭疽叶枯病、枝干轮纹病、腐烂病及各种害虫	6月10—6月30日，气象预报持续2d以上阴雨前的2～3d；若无有效降雨，则无须喷药	一种杀菌剂和一种杀虫剂。杀菌剂宜喷施倍量式波尔多液。杀虫剂选用可与波尔多液混用的广谱性杀虫剂

（续表）

防治时期	防控对象	用药时间	选用药剂
7月多雨期来临前	褐斑病、炭疽叶枯病、枝干轮纹病、腐烂病及各种害虫	7月15日至8月5日，气象预报持续2d以上阴雨前的2～3d；若无有效降雨，则无须喷药防治	一种杀菌剂和一种杀虫剂。杀菌剂宜喷施倍量式波尔多液。杀虫剂选用可与波尔多液混用的广谱性杀虫剂
8月叶部病害流行前期	褐斑病、炭疽叶枯病、枝干轮纹病、腐烂病和各种害虫	8月5—25日，气象预报若有降雨时，降雨前的2～3d；当未来20d内无降雨时，应依据虫害发生情况酌情喷药	一种杀菌剂和一种杀虫剂，宜混加增强叶片生理活性的物质。对炭疽叶枯病敏感的品种，宜选用对炭疽叶枯病防效好的杀菌剂；对炭疽叶枯病高抗的品种，宜选用对褐斑病防效较好的内吸性杀菌剂。杀虫剂主要针对鳞翅目害虫选用广谱高效的杀虫剂

第八章　梨树栽培技术

第一节　果园的选择

一、环境条件

标准梨园产地要选在生态条件良好、远离污染源，空气环境质量、产地灌溉水质量、产地土壤环境质量都符合NY/T 844—2017《绿色食品　温带水果》规定要求的地方。果园土层厚度1m以上，土壤肥沃，有机质含量>1.0%，土壤酸碱度pH值6～7.8；夏季地下水位<100cm。土壤通透性好。

二、排灌系统设置

梨园的排灌系统包括排水和灌水两部分。蓄水灌溉果园应配套修建蓄水池，沟渠与蓄水池相连。井水灌溉果园，每100亩要有1～2口井。要求果园有配套的管道灌溉系统，最好配备完善的滴灌、喷灌或渗灌等节水灌溉设施。

平地果园排水沟深80～100cm、宽80cm，山地果园则由坡顶到山脚，沟由浅到深（深30～60cm、宽30～40cm），排水沟与果园围沟相接。

三、防护林营造

果园外围的迎风面应有主林带，一般6～8行，最少4行。林带要乔灌结合，不能与梨有相互传染的病虫害。

第二节　优良品种的选择

生产上选择“好吃”（包括肉质、石细胞、硬度、汁液、风味、香气、果心等，让消费者满意）、“好看”（大小、形状、色泽、果皮、果点、蜡质等，让经营者满意）、“好管”（包括早果丰产、抗逆性强、易于栽培等，让种植者满意）、“好卖”（市场接受度高、商品性能好，最终得到市场认可）的品种。

一、优良品种

1. 黄冠

河北省农林科学院石家庄果树研究所育成，亲本为雪花梨×新世纪。

果实特大，平均单果重246g，大果重596g。果实椭圆形，萼洼浅，萼片脱落，果柄长，外观似金冠苹果。成熟果实金黄色，果点小而稀，果皮薄，果面光洁，无锈斑，外观极美。果肉白色，石细胞少，松脆多汁，可溶性固形物含量11.4%，风味酸甜适口，香气浓郁，果心小。果实8月上中旬成熟，果实发育期120d。耐贮运，常温下可存放1个月左右。

幼树生长旺盛，树姿直立，结果后树势中庸健壮，树姿半开张。萌芽力和成枝力均强。幼树期各类果枝均能结果，成龄树以短果枝结果为主。早果性极强，坐果率高，极丰产稳产，定植后两年见果，三年生树最高株产40kg，高接后成形快，第二年可腋花芽结果。需配置授粉树。适应性广，南北方均可栽植。抗病性极强，尤其对黑星病抗性强。

2. 黄金梨

韩国品种，亲本为新高×20世纪梨，20世纪90年代由韩国引入我国。

平均单果重302g，呈圆形，高桩；果皮黄绿色，果点大而稀，果形正，果实套袋后果皮金黄色，果面基本无果点痕迹；果肉白色，非常细腻，多汁，有香气，含糖量可达14.7%，可溶性固形物含量15.9%，味清甜而具有香气，风味独特，品质极佳；果心特小，石细胞极少，可食率98%以上；较耐贮藏，冷藏2个月风味不变。果实发育期150d左右，9月中旬成熟。

树体紧凑，幼树生长势强，结果后枝条易开张，成花易，适应性强，较抗寒；抗黑斑病能力较强。

3. 玉露香

山西省农业科学院果树研究所育成，亲本为库尔勒香梨×雪花梨。

果实个大，平均单果重236.8g，果实近球形，果形指数0.95。果面光洁细腻，具蜡质，保水性强，阳面着红晕或暗红色纵向条纹。果皮采收时黄绿色，贮后呈黄色，色泽更鲜艳；果皮薄，果点细小不明显，果心小，可食率约90%；果肉白色，酥脆，无渣，石细胞极少，汁液特多，味甜具清香，口感极佳；可溶性固形物含量12.50%~16.10%，总酸含量0.08%~0.17%。品质极上，成熟期8月底至9月初，8月上中旬即可食用，果实发育期130d左右，耐贮藏。

幼树生长势强，结果后树势转中庸。萌芽率高（65.4%），成枝力中等，嫁接苗一般3～4年结果，高接种2～3年结果，易成花，坐果率高，丰产稳定。

4. 圆黄

韩国品种，亲本为早生赤×晚三吉。

果实大，平均单果重250g，最大单果重可达800g。果扁圆形，果面光滑平整，果点小而稀，无水锈、黑斑。成熟后金黄色，不套袋果呈暗红色，果肉为透明的纯白色，可溶性固形物含量为12.5%～14.8%，肉质细腻多汁，几无石细胞，酥甜可口，并有奇特的香味，品质极上，8月中下旬成熟，常温下可贮15d左右，冷藏可贮5～6个月。

树势强，枝条开张，粗壮，易形成短果枝和腋花芽，每花序7～9朵花。叶片宽椭圆形，浅绿色且有明亮的光泽，叶面向叶背反卷。一年生枝条黄褐色，皮孔大而密集。抗黑星病能力强，抗黑斑病能力中等，抗旱、抗寒、较耐盐碱，栽培管理容易，花芽易形成，花粉量大，既是优良的主栽品种又是很好的授粉品种。自然授粉坐果率较高，结果早、丰产性好。

5. 丰水

日本品种，亲本为（菊水×八云）×八云。

果实圆形略扁，一般单果重200～250g，大果重752g，宜重疏果，并进行套袋。8月下旬成熟，果皮黄褐色，皮薄，果面粗糙，有棱沟，果点大而多，萼片脱落。果梗粗短，抗风。果肉白色、细嫩，特甜。采后果酥脆，贮后半溶质，品质极上。果实8月下旬成熟，可溶性固形物12%～14.5%。抗黑斑病、轮纹病、黑星病，易患水心病、缩果病。

土壤适应性强，较耐瘠薄，幼树生长旺盛，树冠半开张，成枝力弱，萌芽力较高。幼树以腋花芽和短果枝结果为主，并有中长果枝。进入大量结果期后，树势趋向中庸，以短果枝群结果为主。自花结实率高，连续结果能力较强。幼树3年始果，4年进入初结果期。

6. 新高

日本品种，亲本为天之川×今村秋。

果实近圆形，一般单果重450～500g，最大单果重1 000g。果皮黄褐色，较薄，果点大而稀，果面光滑。果肉白色，汁多味甜，含可溶性固形物13%～15%，品质上等。胶东地区果实10月中下旬成熟。耐贮运性好（一般室温可贮至第二年4—5月）。

树势强健，枝条粗壮，较直立，树姿半开张，树冠较大，萌芽力高，成枝力稍弱，易形成短果枝。幼树长、中、短果枝结果能力均强，成龄树以短果枝结果为主。花粉少，需配置授粉树。坐果率中等，较丰产。新高梨根系发达，对土壤的适应性较强，但宜选深厚土壤栽植，定植前需深翻改土，施足有机肥。抗病虫能力较强。

7. 华山

韩国品种，亲本为丰水×晚三吉。

果实圆形，一般单果重300～400g，最大单果重800g，果皮薄，黄褐色，套袋后变为金黄色。果肉乳白色，石细胞极少，果心小，可食率94%，果汁多，含可溶性固形物13%～15.5%，是韩国梨中含糖量最高的品种之一。肉质细脆化渣，味甘甜，品质极佳。9月上中旬成熟，常温下可贮20d左右，冷藏可贮6个月。该品种抗逆性强，高抗黑星病和黑斑病。

8. 南水

日本品种，亲本为越后×新水。

果实大，扁圆形，少数圆形，果型端正。平均单果重360g，最大果重可超过500g。果皮褐色，套袋果黄褐色，果面洁净光滑、鲜艳美观。果肉白色，肉质细腻，汁多、甜味浓少酸，风味好。可溶性固形物含量14.6%。果实于9月中旬成熟，常温下贮藏半个月，冷藏2个月。

树势稍强，骨干枝角度直立，枝条粗壮。中、短枝发达，粗壮，寿命长，以短果枝结果为主，形成花芽容易，坐果率高，无大小年结果现象。花粉与其他品种都有亲和力。抗黑星病能力强，对黑斑病抗性稍弱，应注意防治。

9. 秋月

日本品种，亲本为（新高×丰水）×幸水，2001年进行品种登记的中晚熟褐色砂梨新品种。

果实大，平均单果重450g，果形端正，略呈扁形，果形指数0.8左右，果实整齐度极高，商品果率高。果皮黄红褐色，果色纯正。果肉白色，肉质酥脆，石细胞极少，口感清香，可溶性固形物含量14.5%左右。果核小，可食率可达95%以上，品质上等。耐贮藏（贮藏期与新高、南水相当）。果实发育期150d左右，9月中下旬成熟，无采前落果现象，采收期长。

生长势强，树姿较开张。萌芽率低，成枝力较强，易形成短果枝。适应性较强，抗寒力强，耐干旱。较抗黑星病、黑斑病。主要缺点是萼片宿存；树姿较直立，4～5年生骨干枝容易出现下部光秃。有些年份叶片易发生日灼，易感白粉病。

10. 新梨7号

塔里木大学育成，亲本为库尔勒香梨×早酥梨，2001年通过新疆维吾尔自治区农作物品种审定委员会审定并定名。

果实卵圆形，平均单果重235.6g，最大单果重486.7g，大小比较均匀，果形指数1.08，萼片宿存、直立，果柄较短，果柄长2.72cm，基部或中部膨大肉质化。果皮极薄，未套袋果实果面绿色，阳面有条形红晕，果面平整光洁，果点圆形、中大且密；套袋果实果面黄色，无红晕，果面平整光洁，果点小且密，颜色较浅。果肉白色，肉质酥脆、极细，汁液多，味酸甜适度，石细胞极少，果心小，可溶性固形物含量未套袋果实12.6%，套袋果实11.7%，去皮果实硬度5.23kg/cm^2，口感好。果实从7月中旬即可采收，直至8月底。

树势强健，树姿开张，萌芽率高，成枝力中等，易抽生中短枝，易整形。坐果率高，必须严格疏花疏果，防止出现大小果，提高商品果率。该品种既有早熟性又有自然采收期长的特点，有利于解决夏季梨市场果实腐烂率高、货架期长的问题，降低梨果实在商品消费流通过程中的损失率。

11. 山农酥

山东农业大学育成，亲本为新梨7号×砀山酥梨。

果实大，纺锤形，纵径10.8cm，横径9.8cm，平均单果重460g，最大单果重738g；果梗斜生，长4.2cm，粗3.4mm，基部无膨大，梗洼深度浅；萼片宿存，呈聚合态，萼洼隆起；果实底色黄绿色，果面光滑；果肉白色，质地细密，酥脆，汁多味甜，具香味，可溶性固形物含量达12.7%，品质优良；果核小，果核处没有酸味。9月底成熟，果实发育期175d左右；对梨黑星病、轮纹病、叶斑病及褐斑病等病害具有较强抗性，坐果率高，丰产性强，属大果型优质晚熟梨新品种。

12. 琴岛红

青岛农业大学育成，亲本为新梨7号×中香梨，2018年通过山东省林木良种审定，2019年获得国家植物新品种权。

果实近圆形，平均单果重347g；果面光洁，果面黄绿色，阳面具粉红色红晕，果点小、密；果肉乳白色，汁多，果心较小，果肉质细脆，有香味，可溶性固形物含量13.6%，果实硬度7.1kg/cm^2，可滴定酸0.09%，维生素C含量0.26mg/100g；较抗梨黑星病、黑斑病。果实发育期130d左右，果实8月中下旬成熟，耐贮，品质极佳。

树势强健，树姿开张；高接树第五年折合产量3 079kg/亩。

13. 绿宝石

绿宝石（代号82-1-328）学名中梨1号，亲本为早酥×幸水，因果皮颜色为绿色，果肉白色细脆，故暂定名为绿宝石。

绿宝石是日韩梨最甜的一个品种，后来我国培育成功，7—8月上市，自然保存期30d左右，是早熟品种中容易保存的一个品种。绿宝石的主产区主要分布在黄淮海地区、西南地区和长江中下游地区等。

14. 丹霞红

中国农业科学院郑州果树研究所育成，亲本为中梨1号×红香酥，历时20年培育的中晚熟红皮梨品种。

果实近圆形，平均单果重260g，果面50%着红色，肉质细脆，汁液多，石细胞少，果心小，可溶性固形物含量13.5%左右。在郑州地区8月中下旬成熟，较耐贮藏。

树势中庸，成花容易，早果丰产；适应性和抗病能力均强，容易管理，可在华北、黄河古道及西北广大梨区种植。

15. 奥红一号

山东省红色梨树研究所2012年选育成功的红梨新品种，属早酥红梨的全红型芽变。

果形较正，平均单果重355g，与早酥红梨相比果实横径增大、纵径减小，梗洼变深、变广，果形变美；可溶性固形物一般12.5%～13.5%，最高达14%，比早酥红梨高0.6～0.8个百分点。果实从幼果到成熟整个生长期呈紫红色，果点比早酥红梨小，果实没有纵向绿色条纹，克服了早酥红梨经套袋或树体下部果实成熟后红色变淡、着色面积减少的缺陷。

该品种嫩枝、嫩叶和花蕾鲜红色，花开放后粉红色，果实从幼果到成熟一直是全红型紫红色，8月20日左右成熟。

16. 红安久梨

在美国华盛顿州发现的安久梨的浓红型芽变品种，我国于1997年从美国农业部国家梨种质圃引入。

果实葫芦形，平均单果重230g，最大单果重可达500g。果皮全面紫红色，果面平滑，具蜡质光泽，果点中多，小而明显，外观漂亮。梗洼浅狭，萼片宿存或残存，萼洼浅而狭，有皱褶。果肉乳白色，质地细，石细胞少，经1周后熟后变软，易溶于口，汁液多。风味酸甜适口，具有宜人的浓郁芳香，可溶性固形物含量14%以上，品质极上。果实耐贮性好，在室温条件下可贮存40d，在-1℃冷藏条件下可贮存6～7个月，在气调条件下可贮存9个月。果实在山东地区成熟期为9月下旬至10月上旬。

适应性强，栽培容易，果实硬度高，耐贮运，是一个综合性状较好的晚熟红色品种。

17. 红考密斯

美国品种，山东省于1997年从美国引入。

果实短葫芦形，平均单果重324g，最大单果重610g；果面光滑，果点极小，表面暗红色；果皮厚，完全成熟时果面呈鲜红色；果肉淡黄色、极细腻，柔滑适口，香气浓郁，品质佳，含可溶性固形物16.8%；果实8月中下旬成熟。该品种后熟呼吸跃变极快，在25℃条件下，6d完成后熟过程，表现出最佳食用品质。

树体强健，树姿直立，以中短果枝结果为主，中果枝上腋花芽多，属洋梨中早实性强的品种，定植后第三年开始见果，平均单株结果4.8个。高接枝第三年平均坐果6.2个。适应性广，抗寒性强；喜肥沃壤土，较抗盐碱；高抗梨木虱、梨黑星病、梨火疫病、梨黄粉虫等；较易受金龟子、蜡象和象鼻虫为害。

二、梨砧木

（一）梨实生砧木

我国传统梨的生产实生砧木，即用梨的近缘种或栽培梨品种的种子播种培育实生苗，然后嫁接接穗品种。其优点是根系比较发达，固地性好，与接穗品种亲和性强。缺点是嫁接树树势旺，树体高大，不适合密植栽培，结果晚，苗木和大树生长结果不整齐。

最常用的梨实生砧木为杜梨、豆梨和本砧（白梨、沙梨或西洋梨品种）等。杜梨具有耐寒、抗旱、抗涝、嫁接品种早实丰产等优点，对西洋梨火疫病有很强的抵抗力。豆梨适于温暖潮湿地区，常作沙梨砧木，对西洋梨腐烂病有很强的免疫力。

（二）梨无性系砧木

梨无性系砧木的优点是同一砧木无性系后代基因型一致，苗木和结果大树整齐度好，有的无性系砧木属矮化砧木，嫁接树紧凑矮小，易于农事操作和机械化管理，结果早，丰产性好。其缺点是有的与接穗品种亲和性、抗逆性、抗病性和固地性差，繁殖困难。目前，在我国梨的无性系砧木应用的还很少。不过，梨的无性系砧木应用是今后发展的方向。

1. 榅桲砧木

欧美各国最早利用榅桲作为西洋梨的矮化砧木，其中，榅桲砧木中的BA29、QA、QR-193-16为半矮化砧木，QC和C132为矮化砧木。嫁接在榅桲砧木上的西洋梨栽培品种均表现良好，大都表现出树体矮小、结果早、产量高和果实品质好等优点。以榅桲为基砧，哈代为中间砧嫁接中国梨，嫁接梨树具有一定的矮化趋势，具有早果丰产、根系发育好、能安全越冬和品质优良等特点。榅桲也有其自身的缺陷，因其与梨是异属植物，其亲和性不如梨属砧木理想，只能通过中间砧与梨树嫁接。榅桲根系多分布在土壤浅层，抗寒性和抗旱性差，特别是在盐碱性土壤上种植时生长不良，用其作砧木嫁接的梨栽培品种易出现叶片黄化现象。榅桲用作中国梨砧木还需要进一步试验研究。

2. OH × F系列

OH × F系列梨砧木是20世纪60年代从老屋 × 法明德尔后代中选出的矮化、半矮化和半乔化的砧木无性系，具有抗寒、抗火疫病、抗衰退病等特点。20世纪80年代初，中国农业科学院果树研究所从美国引进了OH × F系列矮化砧木，其中，OH × F51砧木的矮化程度与QA相当；OH × F59、OH × F230和OH × F333和OH × F87为半矮化砧木类型，OH × F9、OH × F217、OH × F220和OH × F267为半乔化砧木类型。引入的砧木亲和性好且固地性佳。由于在我国北方果园中腐烂病严重，而OH × F系列梨矮化砧木又易患腐烂病，因而影响了该系列砧木的推广应用。在法国可用的OH × F系列有

OH × F40、OH × F69、OH × F87和OH × F282。其中OH × F87嫁接后的树势不是很旺，提早结实和丰产性都比较好，但不易繁殖。美国现在用的较多是OH × F87。

3. 国内选育的梨矮化砧木

中国农业科学院果树研究所从锦香梨实生后代中陆续选出中矮1号、中矮2号、中矮3号和中矮4号4种梨矮化砧木，以山梨为基砧，以“中矮”系列砧木为中间砧，嫁接树表现出明显的紧凑矮化。嫁接的梨树早果丰产，抗枝干轮纹病和腐烂病，抗寒性强。

青砧D1是青岛农业大学以Le Nain-Vert实生后代为母本、莱阳茌梨为父本杂交育成。与亚洲梨嫁接亲和性好，嫁接品种后树体结构紧凑，约是对照树的75%，分枝量增加，促进早果，提升品质。该砧木于2019年通过山东省林木良种审定，2021年申报国家植物新品种权。

梨无性系砧木的繁殖比苹果无性系砧木难，生根困难。采用组织培养的方法，可以生产梨无性系砧木的自根苗。目前，青岛农业大学已经完成该砧木配套无性系自根砧工厂化育苗技术体系，填补了国内相关技术空白，具有广阔的应用前景。

第三节　栽培技术

一、合理栽植

集成推广梨果轻简化生产技术。大力研发推广降低树高、轻简化修剪、宽行密植栽培等省力化栽培模式，创新开发适合不同立地条件梨园的农机具。构建并推广简便可行、易于推广应用的优质高效生产配套技术体系，有效解决劳动力成本过高的问题。在满足生产高档梨果的基本条件下，利用先进的集约省力化栽培模式，有效降低生产成本，努力实现优质优价。通过标准化生产示范园建设，开展新技术、新模式培训，扩大先进适用技术覆盖面。

1. 砧木选择

杜梨、青砧D1或其他适宜砧木。

2. 果园密度

根据当地土壤肥水、砧木和品种特性确定栽植的株行距，一般可采用（2～3）m×（4～5）m，提倡计划密植。

3. 授粉树配置

可采用等量成行配置，或主栽品种与授粉品种的栽植比例为（4～5）：1。同一果园内栽植2～4个品种。

二、肥水管理

（一）施肥

梨园土壤有机质含量较低，钙、铁、锌、硼等中微量元素缺乏普遍，尤其是南方地区梨园土壤酸化严重，磷、钾、钙、镁缺乏。生产中有机肥施用不足，氮、磷肥投入量大，中微量元素投入较少，施肥时期、施肥方式、肥料配比不合理。

1. 施肥原则

（1）增施有机肥，实施梨园生草、覆草，培肥土壤；土壤酸化严重的果园施用石灰和有机肥进行改良。

（2）依据梨园土壤肥力、产量水平和梨树生长状况，确定肥料施用时期、用量和养分配比，适当减少氮、磷肥用量，适量施用钾肥，通过多种途径如叶面喷施等方式补充钙、镁、铁、锌、硼等中微量元素。

（3）优化施肥方式，改撒施为条施或穴施。灌溉与施肥合理配合，推广水肥一体化。

2. 肥料种类和时期

秋季以有机肥为主，包括堆肥、沤肥、厩肥、沼气肥、绿肥、作物秸秆肥、泥炭肥、饼肥等。生长季节以速效肥料为主，主要有氮肥、磷肥、钾肥、硫肥、钙肥、镁肥及复合（混）肥等。施肥时期，一般分为萌芽前后、幼果生长期、果实迅速膨大期、秋季（一般在采收后）4个时期。

3. 施肥量及方法

（1）基肥应在秋季采收后，结合深翻改土进行。幼树施有机肥25～50kg/株，结果期树按每生产1kg梨施有机肥1kg以上的比例施用，并施入少量速效氮肥和全年所需磷肥。施用方法采用沟施，挖放射状沟或在树冠外围挖环状沟，沟深30～40cm。土壤追肥时，第一次在萌芽前10d，以氮肥为主；第二次在花芽分化及果实膨大期，以磷、钾肥为主，氮、磷、钾混合使用；第三次在果实生长后期，以钾肥为主。

（2）亩产4 000kg以上的果园，施有机肥3～4m^3/亩，氮肥（N）20～25kg/亩，磷肥（P_2O_5）8～12kg/亩，钾肥（K_2O）15～25kg/亩。

（3）亩产2 000～4 000kg的果园，施有机肥2～3m^3/亩，氮肥（N）15～20kg/亩，磷肥（P_2O_5）6～10kg/亩，钾肥（K_2O）15～20kg/亩。

（4）亩产2 000kg以下的果园，施有机肥2～3m^3/亩，氮肥（N）10～15kg/亩，磷肥（P_2O_5）4～8kg/亩，钾肥（K_2O）

10～15kg/亩。

（5）土壤钙、镁较缺乏的果园，磷肥宜选用钙镁磷肥；缺铁、锌和硼的果园，可通过叶面喷施浓度为0.3%～0.5%的硫酸亚铁、0.3%的硫酸锌、0.2%～0.5%的硼砂来矫正。根据有机肥的施用量，酌情增减化肥氮、钾的用量。

（6）全部有机肥、全部的磷肥、50%～60%氮肥、40%的钾肥作基肥于梨果采收后的秋季施用，在树冠投影下距主干1m处挖宽×深40cm×40cm的环状沟，将有机肥混匀后施入沟中覆土。其余的40%～50%氮肥和60%钾肥分别在3月的萌芽期和6—7月的膨大期施用，根据梨树树势的强弱可适当增减追肥的次数和用量。

（7）水肥一体化技术。亩产2 000kg以下果园，施氮肥（N）4～5.5kg/亩，磷肥（P_2O_5）2.5～3kg/亩，钾肥（K_2O）4～6.5kg/亩；亩产2 000～4 000kg果园，施氮肥（N）5.5～9kg/亩，磷肥（P_2O_5）3～4.5kg/亩，钾肥（K_2O）6.5～11kg/亩。

（二）水分管理

应根据土壤墒情及降水情况确定灌水，一般全年共3～4次。同时还应注意雨季要做好梨园的排水，以防积涝成灾。

三、树形管理

（一）常用树形

梨树的树形很多，常用有纺锤形、疏层形、圆柱形、开心形等，非棚架栽培的梨树的树形多采用自由纺锤形或细长纺锤形，低干矮冠树形可达到优质、高产、省力。

1. 自由纺锤形

树高250～300cm，主干高60～80cm。中心干上螺旋着生

10～15个主枝，粗度小于主干粗度的1/2，间隔20～30cm，主枝基角80°，均匀伸向各方向，同方向主枝间距80cm。主枝上着生结果枝组，粗度小于主枝的1/3。每亩栽植80株左右。

该树形整形以缓放、拉枝、疏剪为主，少用短截。苗木定植后，于80～100cm处定干，60cm以上的芽进行刻芽处理，萌芽后留方位好的新梢，待其停止生长后拉枝，拉成80°～90°，将其培养成主枝；树体开始开花结果时，以培养树形、丰满树冠、增强树势为主，修剪采用长放、疏枝等方法，结合拉枝，培养结果枝组。盛果期，可用弱枝更新的方法，控制树体高度。对于过粗的主枝，应选好备用枝、内膛辅养枝等，按照去强留弱、去大留小的原则对结果枝组进行更新。

2. 主干疏层形

树高一般为300～350cm，干高50～70cm，基部3个主枝，第二层2个主枝，第一层与第二层主枝间的距离为100～120cm。主枝开张角度70°～80°。每亩栽植50株左右。

幼树，除按树形培养各级骨干枝外，其余枝掌握少疏多留，尽快扩大树冠。同时培养大、中、小各类结果枝组。对生长势强、生长直立、花芽较难形成的品种，采用先放后缩法培养枝组，枝条长放后长势较缓，形成花芽后再回缩。初果期树，树形已基本成形，要控制树高并改善上层光照条件，且要逐步清理辅养枝。盛果期树，要稳定产量，保持一定的总枝量，长枝占10%～15%，树冠内外分布均匀。

3. “Y”形

干高60cm，南北行向，两个主枝分别伸向东南方和西北方，呈斜式倒“人”字形。两主枝夹角70°～80°，树高2～2.5m，主枝上直接培养中小型单轴延伸的结果枝组，枝干比控制在1：（3～6）。

该树形要栽大苗、壮苗，苗高1.5m以上，苗木基部直径在1cm以上，栽植后定干，定干高度80cm左右，选一健壮芽当顶，以下2～3芽抹除，第四芽抽生枝条后培养为另一主枝，其余枝及时抹除。为了培养好两大主枝，需对主枝上的直立枝加以控制，对生枝按相对方向绑缚培养为主枝，其余分枝全部抹除。两大主枝背上直立芽在萌发后抹除。主枝延长枝一般不短截，如树势较弱，对主枝延长枝可轻度短截，相邻植株主枝间呈平行状态。主枝延伸到规定长度时，应作去势修剪，留强枝换头，控制主枝不再向外延伸。

对延长枝的修剪要利用剪口芽调节延伸方向。当主侧枝伸展的方向和角度均比较适宜时，一般剪口芽留外芽即可；当主侧枝伸展方向不适当时，可利用侧芽进行调整；当主侧枝延长枝角度偏高时，可利用“里芽外蹬”开张角度。

幼树期对主侧枝或中心干延长枝适当短截，以促生分枝，保持生长量和生长势。剪截要轻，剪去顶端芽即可，刺激主枝既有一定的营养生长量，又萌发较多中短枝。

4. 开心形

一般为三主枝，在主干上错落着生，直线延伸，主枝两侧培养较壮侧枝，与“Y”形相似。无中心干，干高60cm，主枝与主干夹角为45°～50°。三大主枝呈120°方位角，各主枝配置2～3个侧枝，主枝和侧枝上均匀配置枝组。这种树形在一定程度上改善了树冠内部的光照条件。

第一年春季定干高度为60～70cm，在整形带留有4～5个饱满芽，待新梢长到20cm时，进行扭梢、开角或拉枝来控制枝条生长，促使整形带上的饱满芽均衡生长。对于整形带上萌发出的枝条，要及时进行拉枝处理。待冬季生长停止后，选留3个长势好的枝条作为开心形树形的三大主枝，其余枝条在冬剪时疏除。三大主枝与主干夹角为45°～50°，三大主枝间夹角为120°为宜；第二年对背上直立枝进行扭梢，8—9月对主枝延长枝进行拉枝处理，对主枝两侧的延长枝拉枝，使其与主枝呈90°角夹角。预留的向上生长的延长枝与主干呈45°夹角。到第三年可形成相当数量的花芽。第三年及以后根据前两年的工作进行调整，丰富树体空间分布。到第四年可结一定数量的果实。时间长短因品种、环境条件和栽培技术而异，在充分供应肥水的基础上，采用轻剪，长放，多留枝的手法，使得早期形成一定的树形和大量中、短枝条，为早期丰产创造良好的营养基础。几大主枝调节基角、腰角、梢角达到同一水平面，明确各个主枝的延长方向，留出足够的空间，使树体一直保持均衡生长，培养各类枝组，强枝、长枝进行缓放处理，使枝组配置合理，疏除交叉、密集枝条，保持树势层面清晰，光照均匀。

5. 圆柱形

由纺锤形发展而来，适用于密植园，以选用矮化砧为宜。株行距（0.75～1）m×（3～4）m。树高2.5～3.0m，也可根据管理者身高确定，即伸手能够触到树顶为准。干高60cm左右，主干上着生22～26个大、中型结果枝组，枝组分枝角度70°～90°，枝组上直接着生小型结果枝组和短果枝群。结果枝组为单轴枝组，间距15～20cm，上下重叠的结果枝组间距40～60cm。

栽种优质苗木：对于高度大于1.6m的优质苗木，一般不定干。如定植的苗木枝头过弱，可适当打头。

刻芽促分枝：萌芽前刻芽，距离地面60cm主干不刻（抹芽），枝条最顶端40cm不刻，其余全刻。定植苗木第一年有缓苗期，往往生长势弱，形不成花芽，第二年一定要在开花前除去花蕾。为克服缓苗期分生枝条能力弱的缺点，可以按株行距定植已经嫁接好的半成苗，第二年按照上述做法定干刻芽，当年就可分生出符合要求的分枝。

树高控制：中心干不落头开心，延长枝保持单轴延伸，酌情以大换小。

牙签开角、刻芽技术：当新梢长到20～30cm的时候，用一根两头尖的竹牙签，一头扎在母枝上，一头扎到新梢上，深入木质部内，将新梢角度支大。这样及时开张了新梢的角度，特别是剪口下第二个、第三个新梢基部的角度，减缓其长势，是一种简单实用、减少修剪量、减少拉枝用工用料、促使幼树尽快成形的简便方法。注意牙签开角时，新梢比较细嫩，应悉心操作，防止新梢折断。

萌芽前后7～10d均可刻芽，对刻芽后生长过量的枝条，可于6—7月在所发新枝的下方进行二次刻伤，以抑制抽生长枝条、促进成花。一般情况下，应选择强壮、直立枝刻芽，弱枝不宜刻芽，应待其复壮后再行刻芽；不要选择枝条上部芽、背上芽进行刻伤，以免产生徒长枝；基部芽刻伤很难达到发枝的目的。同时适当调整伤痕大小。如为促发长枝，可选择枝条中部的侧芽，刻伤长度要达到枝周长的1/2以上，深达木质部；若为促发中短枝，应选择中部背下芽或侧面芽，刻伤长度为枝条周长的1/2以下，仅伤及韧皮部即可。

（二）梨树棚架式栽培

棚架栽培是对梨树栽培模式的一项重要改进和创新，适合省力化、集约化、优质化梨树生产。通过多年来的生产实践，该模式逐步趋于成熟，在生产中被广泛应用。

1. 棚架类型

棚架分简易棚、永久棚、水平棚和倾斜棚等不同形式。目前大面积采用的是永久性水平棚。棚架搭建在梨树冬季落叶修剪后或定植3～4年后进行，一般以0.3～0.4hm^{2}为一基本单位。

2. 构造特点

棚架高度1.8～2m。果园的四角立长、宽、高为12cm×12cm×330cm的水泥柱，入土130cm，呈45°角外倾。果园的四周每隔3～4m立一水泥柱或木柱作围柱，柱高280cm，入土100cm，呈45°角外倾。在果树行间每隔10m立一支柱，保持棚架高度为1.8～2m，用8号镀锌铅丝为主线，用12号镀锌铅丝为副线，主线与副线结成0.5m×0.5m的方格。

3. 结构材料

（1）地锚钩。直径12mm×1 300mm钢筋，上部制作扣眼4cm，下部焊接40cm十字架。

（2）斜立杆。钢筋混凝土制，高、宽、厚为300cm×12cm×10cm。

（3）直立杆。长、宽、厚为190cm×8cm×8cm。

（4）周边围绳。6～7股10号钢绞线，主线为5股12号钢绞线，中间副线为10号钢丝。

（5）接头卡扣。围绳用大卡扣，主线用中卡扣。

（6）跎盘。斜杆跎盘规格40cm×40cm×10cm；立柱跎盘规格30cm×30cm×8cm。

4. 整形修剪

棚架整形修剪不同于传统的修剪方法，是一种对树体枝类精细化管理的修剪方法。通过整形处理好个体与整体的光照问题，力争树冠均衡扩展，防止树体生长参差不齐。在重视树木自然生长规律的前提下，进行科学合理地整形，不能蛮干，防止乱长；培养良好的树形结构，提高修剪效率，主侧枝区别要明显，间隔要配置合理，减少时间和劳动力浪费；不要轻易变更树体结构，骨干枝一旦培养成型，难以变更，要慎重对待。

（1）主枝的配置。棚架树体结构要求主侧枝配置层次清楚，结构合理，从幼树开始有目的地培养。主枝数目的选择要依据品种生长势强弱和栽植密度来定，如生长强旺的品种可增加主枝数目，分散养分，缓和生长势；生长势弱的品种，适当减少主枝数目，维持树体健壮生长。栽植密度高的果园，可适当减少主枝数目，栽植密度低的果园可增加主枝数目。

常见的有二主枝、三主枝、四主枝及多主枝树形。一般二主枝树形结构单一，作业效率高；三主枝树形，主枝平衡培养难，但成型后树势稳定；多主枝树形属特殊类型，有利于早期丰产，但后期更新难度大。

①二主枝树形：

优点：主枝配置方向为直线形，操作简便，上架和生长势容易控制，成年后侧枝的配置与主枝呈90°广角，侧枝基部结果枝的配置和更新容易。

缺点：树冠从主枝开始横向扩展缓慢，需要数年才能完成，幼树期产量低。

②三主枝树形：

优点：主枝数多，结果枝数目多，幼树期产量高。

缺点：各主枝上架距离远近不同，各个主枝倾斜角度和间隔不同，导致主枝生长势强弱不齐。

③四主枝树形：

优点：与二主枝配置相同，幼树期产量比三主枝多。

缺点：4个主枝生长势的均衡难度较大，成年树侧枝的发生角度狭窄，结果枝的配置空间狭小，难度增加。

（2）侧枝的配置。在棚架整形上，一定要依据所选品种的结果习性来配置。随着主枝头的延伸，在主枝上间隔一定间距按顺序配置，可选用主枝的横侧面和斜下面发出的枝条来作为侧枝，背上部发出的枝不能影响主枝的发育。枝的粗度和生长角度对侧枝培养很重要，为使发出的新梢能够作为侧枝加以利用，一定要注意夏季诱引拉枝。7月上旬，通过观察判断出适宜的培养侧枝的枝，然后按侧枝位置要求拉向适宜方向，并形成一定的倾斜角。主枝背部发出的枝4—5月抹芽，限制其生长。

一般结果枝使用年限，不同品种时限不同。对短果枝寿命短，以长果枝结果为主的品种，更新年限为3年左右；短果枝寿命长，以短果枝结果为主的品种，一般更新年限为4～6年。对生长强旺，花芽数少的结果枝要及早更新；相反，对一些枝条增粗缓慢、花芽维持容易、生产性能好的结果枝可延迟更新。

四、花果管理

（一）人工辅助授粉

除自然授粉外，采用蜜蜂或壁蜂传粉和人工点授等方法辅助授粉，以确保产量，提高单果重和果实整齐度。梨树为伞房花序，每花序5～8朵小花，边花先开，中心花后开，2～5序位花朵所结果实果形端正、品种优。为节省用工，可采用限制授粉技术，重点点授3～5序位花朵，一个花序授一朵花，点击2次，确保柱头授粉。授粉一般需进行两次，第一次在初花期，第二次在盛花期。也可采用液体授粉方法，纯花粉中加入7%蔗糖和0.1%琼脂粉，配制成200～400倍液，时间控制在6h之内，用喷雾器直接喷洒到柱头上。

（二）疏花疏果

1. 留果量的确定

每平方米树冠面积产量控制在4.55kg；每平方米叶面积产量控制在1.55kg；每平方米主干横截面积（TCA）产量控制在15kg。

2. 疏花

包括疏花蕾、疏花朵。疏花蕾在花序伸出至开花前进行，疏花朵可在整个花期进行。也可采用强制摘蕾技术，长果枝（1年生枝），摘除中下部花芽，选留中上部花芽；2年生以上短果枝（多年生枝），依据结果量确定留果数，一般3个短果枝花芽确保一个果实。

3. 疏果

通常在第一次生理落果过后即盛花后15d开始，30d内完成。根据果实大小，一般幼果间距20～30cm。留果时掌握选留第3～4序位果。

①初疏：开花后首先摘除不需要着果部位的果实，其次，摘除主枝和副主枝先端以及长果枝顶芽等部位果实。花后7～10d坐果后，每花序从3～5序位选留一个发育良好的果实，其余果实疏除。

②最终定果：花后25～30d，依据产量要求确定结果数目，果实间隔保持在20～25cm，1m长的结果枝留6～8个果为宜。

③补充疏果：6月下旬至7月上旬进行补疏，疏除小型果、变形果等。

（三）果实套袋

1. 套袋时期

一般在盛花后20～45d内完成，套袋前应仔细喷2～3遍优质杀菌剂。根据不同颜色的品种选择不同质量的纸袋和不同的套袋时间。套袋前需要将果实萼部附着的花瓣、雄蕊、雌蕊等清除干净，并喷 1 次杀虫、杀菌剂。套袋时按先上后下、先内后外的原则，选纵向发育、底部萼狭而有些凸出、果梗长而粗、着生在枝条侧面或下方的果实进行套袋，枝条上方的果实不宜套袋。套袋前要做湿口处理，并扎严袋口，防止梨木虱、康氏粉蚧、黄粉虫等害虫进袋为害。

2. 套袋时严格选果

选择果形长、壮果、大果、边果套袋，剔除病虫弱果、次果。套袋时要撑开袋体，使袋底两角的通气放水口张开，降低袋内的湿度，防止水锈和日烧。幼果要悬在纸袋中央，不与袋壁接触，避免摩擦果面，防止梨椿象刺果、日烧以及药水对果的腐蚀。套袋时不要用手接触果实，更不要拉拽果实，以防拉伤果柄基部，造成果实生长缓慢。袋口捆扎不可过紧以防伤害果柄和幼果生长，但也不能过松，袋口不能扎成喇叭状，以防害虫进入以及雨水、药液淋入。不要把树叶套入袋内，不要一袋套双果。

3. 适时摘袋

摘除果袋的时期要根据品种和气候条件来确定。为了防止果面出现日灼、果实失水、果面污染及擦伤，对不需着色的品种，采果前一般不进行摘袋，而是连同果实采收，等到分级时再脱除果袋；对于需要着色的红皮梨和褐皮梨，应在采收前分两期除去果袋。先是在采收前15～20d，摘去双层袋的外层袋，使袋内果实迅速适应强光等外界环境，防止日灼。当果实不会被灼伤时，再除去内层袋。

摘袋时间应安排在晴天10时以前，下午16时以后进行。上午摘除树冠东侧和北侧的果袋、下午摘除南侧和西侧的果实袋，这样可减少日灼的发生。摘袋时一手托果子，一手解袋口扎丝，以防果实坠落。

五、果实采收

1. 成熟期判断

成熟期一般分为可采成熟期、食用成熟期和生理成熟期。梨果实在成熟过程中果皮颜色、果粉和糖度会发生变化，在成熟期的判断上，可参考果实发育天数。果实外观和内在品质的变化、鲜食和贮藏性能要求等因素，确定适宜的采收期。另外，对农药残留不符合要求的果实，延迟采收期，待农药残留达标后再行采收。

2. 果实采收

为确保收获后果实能够持续进行正常的生理代谢活动，收获期间防止果实表面的任何损伤，从果园到贮藏库搬运过程中防止震动损伤，以及容器造成的果实间互相挤压等。

3. 采收前注意事项

采果前要对采收、运输、贮存果品的用具、场所进行清理、清洗、消毒，确保对采摘的果实无污染隐患。

第四节　病虫害防治技术

梨园周年管理历（黄金梨）见表8-1。

表8–1 梨园周年管理历（黄金梨）

时间	节气	物候期	管理要点
11月上旬至3月上旬	立冬至惊蛰	休眠期	1. 灌水。在土壤封冻前灌水，灌水量以浸透根系分布层（40～60cm）为准。 2. 枝干涂白。涂白剂配方，生石灰：食盐：豆浆：水=5：1：0.25：12.5混合而成，也可加入石硫合剂及杀虫剂。 3. 整形修剪。采用纺锤形树形，主干高度60cm左右，树高控制在3.0m左右，冠径2～2.5m，有一个优势强壮的中心干，并上下自然着生10～15个小主枝，螺旋式排列，间隔20cm，插空错落着生，互不拥挤，均匀地伸向四面八方。小主枝与主干分生角度70°～80°。 4. 清园。清理树上、地面残留病果、病虫枯枝，集中烧毁或深埋，清扫落叶，刮除粗翘皮，带出园外；翻树盘，压低病虫越冬基数。
3月中旬至4月中旬	春分至清明	萌芽前	1. 施肥。萌芽前10d追施一次氮肥。 2. 灌水。施肥后灌水。 3. 病虫防治。①春季梨芽膨大期（3月中旬），全树喷50°Bé石硫合剂或45%晶体石硫合剂50倍液，铲除轮纹病、梨木虱、蚜虫、叶螨、梨小食心虫等越冬病虫。②4月上旬喷10%吡虫啉可湿粉5 000倍液防治蚜虫、梨木虱、茶翅蝽等。
4月中下旬	谷雨	开花期	1. 人工授粉。开花时用毛笔等工具点授花蕊，每蘸一次花粉可授5～10朵花。也可用液体授粉法，即用纯花粉30g加入50kg水中，加入0.1%硼砂或10%蔗糖，配成混合液喷用，但必须在2h内喷完。 2. 壁蜂授粉。每亩放壁蜂80～100头，可取代人工或蜜蜂授粉，具有授粉效果好，不受气候影响的优点。

（续表）

时间	节气	物候期	管理要点
5月至6月上旬	立夏至芒种	幼果期	1. 肥水管理。落花后至花芽分化前（5月中旬至6月上旬），追施一次多元复合肥，施肥后灌水。 2. 疏果。疏果在花后20d内完成。按间距法留果，每20～25cm留一个果形端正、下垂的边果，每平方米树冠投影面积留果20～30个。 3. 套袋。谢花后30d内套完。套袋宜选用160mm×190mm的双面遮光袋。 4. 病虫防治。①4月底喷0.3%苦参碱水剂800倍液，防治梨木虱一代初孵若虫。②5月初至6月上旬全园普喷2～3次杀菌剂，可选用70%甲基硫菌灵可湿性粉剂1 000倍液或50%多菌灵可湿性粉剂800倍液或40%福星乳油6 000～8 000倍液，防治梨黑星病、轮纹病，叶螨每叶活动达到3头时，加喷5%尼索朗乳油2 000倍液。 5. 及时剪除梨茎蜂虫梢。
6月中旬至8月中旬	夏至至立秋	果实生长期	1. 肥水管理。果实膨大期（7—8月）追肥以钾为主，适当配合磷肥，施肥后灌水。 2. 病虫防治。①6月中旬喷布99.1%敌死虫乳油3 000倍液或40%蚜灭多乳油1 500倍液防治转果为害期的黄粉蚜和二代梨木虱初孵若虫。②6月中旬至7月底，全园喷布1～2次杀菌剂，可选用50%扑海因可湿性粉剂1 000倍液或70%乙磷铝锰锌可湿性粉剂600倍液或68.5%多氧霉素1 000倍液，防治梨黑星病、黑斑病、轮纹病等叶果病害。③8月上中旬，全园喷一遍杀菌剂，如70%代森锰锌可湿性粉剂800倍液或75%百菌清600倍液，防治黑星病、轮纹病。梨小食心虫及舟形毛虫较多时，可混喷50%辛硫磷乳油1 000倍液或20%杀铃脲悬浮剂8 000倍液。

（续表）

时间	节气	物候期	管理要点
8月中下旬	处暑	采收期	梨果生理成熟时种子变褐色，应根据品种特性、果实成熟度以及市场需求综合确定采收适期，要做到无伤害适时采收。
9—10月	白露至霜降	落叶前	1. 秋施基肥。以经高温发酵或沤制过的堆肥、沤肥、厩肥、绿肥、饼肥等有机肥为主，施肥量按1kg果实施1kg肥的标准，每亩可施3 000～4 000kg有机肥，加磷酸二氨40kg、草木灰200kg，施肥后灌水。 2. 病虫防治。10月上中旬喷布10%烟碱乳油1 000倍液或10%吡虫啉可湿性粉剂5 000倍液防治大青叶蝉。

第九章　桃树栽培技术

第一节　优良品种选择

一、苗木、砧木选择

1. 毛桃

毛桃的主要优点是与栽培桃嫁接亲和力强，嫁接后成活率高，根系发达，生长快，结果早，品质也好，适于南方温暖多湿的气候，为目前我国南方地区主要采用的砧木。较耐寒，有一定的抗旱能力，也能在北方应用。毛桃砧木的缺点是嫁接树寿命较短。

2. 山桃

山桃的主要优点是抗寒、耐旱力强，亦耐盐碱土壤，并抗桃蚜，主根发达，嫁接亲和力较强，成活率高，生长健壮，为目前我国北方桃产区应用广泛的砧木品种。山桃砧木的缺点是不耐涝，积涝时易患黄叶病、根腐病和颈腐病。所以，应根据当地的气候、土壤等特点选择砧木品种。

3. GF677

GF677是法国于20世纪60年代从桃和扁桃的杂交实生后代中

选育出的优良桃砧木。与我国常用的实生毛桃砧木相比，极具耐旱、耐盐性以及抗盐碱土壤引起的缺铁失绿症，有良好的抗再植能力。

4. 中桃抗砧1号

中桃抗砧1号是中国农业科学院郑州果树研究所选育的无性系桃抗再植障碍砧木，又称抗重茬砧木，该砧木通过无性繁殖保持优良的抗性性状，既可以作为桃的普通砧木使用，又可以作为重茬地砧木使用。与生产中普遍应用的实生毛桃砧木相比，在沙土重茬地和黏土瘠薄重茬地具有明显的抗再植障碍能力，表现为生长快、长势旺、叶片不黄化和根系发达的特点，与接穗亲和力好，结果正常，对果实大小、形状和风味无不良影响。

二、优良品种介绍

1. 中农金辉

中国农业科学院郑州果树研究所育成，2011年通过国家林业局林木良种审定。

果实椭圆形，果形正。平均单果重173g，大果重252g；皮不能剥离；果肉橙黄色，硬溶质，耐运输；汁液多，纤维中等；果实风味浓甜，可溶性固形物含量12%～14%，有香味，黏核。花为铃形，自花结实。郑州地区果实6月18日左右成熟，需冷量650h，为保证果实质量，须严格疏花疏果。利用其需冷量相对较短的特点，可以较早升温。授粉树要选择相同需冷量或需冷量稍短的品种。

2. 鲁油3号

山东农业大学、莒县桃树研究所育成的设施大棚专用品种。

果实尖圆，果形端正，平均单果重152g，最大单果重211.9g；

果面玫瑰红色，着色全面；果肉黄色，硬溶质，半离核，硬度大，耐贮运。日光温室栽培可溶性固形物14.1%，露地栽培可溶性固形物17%以上，硬度9.2kg/cm^2，甜度高，品质极上。设施栽培果实发育期80d，露地栽培果实发育期70d，树势较旺，自花结实，需冷量500h。北方适宜大棚栽培，南方适宜露地栽培。

3. 中油蟠11号

中国农业科学院郑州果树研究所培育的油蟠桃品种。

该品种系极早熟、黄肉、小果型、高糖油蟠桃品种，果实较硬，单果重40～60g，可溶性固形物含量18%～23%。又名金钱油蟠桃，因其独特的小果似铜钱而得名。郑州地区6月5日左右成熟。自花结实，极丰产，极早熟，基本不裂果；露地管理容易，不用疏果和套袋。

4. 中油19号

中国农业科学院郑州果树研究所育成早熟黄肉油桃品种。

果形正圆，单果重165～250g，端正美观；外观全红，色泽鲜艳；属于SH肉质，口感脆甜，可溶性固形物13%～14%，黏核，品质优良。果实发育期69d，6月上中旬成熟。留树时间长，极耐贮运。有花粉，极丰产。适合远距离运销。

5. 中桃金魁

中国农业科学院郑州果树研究所推出的早熟大果黄肉桃品种。

果实圆整，成熟时间早，果个大，外观漂亮，丰产。单果重250～300g，大果重400g；果肉黄色，硬溶质，黏核，较耐贮运；风味甜香，可溶性固形物12%～13%。成熟时果面90%以上着鲜艳红色。郑州地区，中桃金魁6月上中旬成熟。适合露地和设施栽培生产。

6. 中油蟠13号

中国农业科学院郑州果树研究所推出的早熟黄肉油蟠桃品种。

该品种成熟早，平均单果重120g，大果重160g；硬溶质，风味甜香，可溶性固形物含量15%～17%；自花结实，丰产性好。6月中旬成熟，较中油蟠5号早熟10～12d。综合性状较好，适合生产高品质油蟠桃，露地和设施栽培均可。

7. 锦春

上海市农业科学院林木果树研究所育成。

果实圆整，两半匀称，果顶圆平，平均单果重240g，大果350g；果面底色橙黄色，套袋纯黄色，色彩亮丽；肉质细，可溶性固形物12%～14%，风味纯甜，有香气，品质优，硬溶质，耐贮运，鲜食风味优良。无裂果现象，蔷薇花型，有花粉，自花结果，无裂果现象，丰产稳产。果实发育期65～70d，6月中旬成熟。

8. 油蟠桃36-3

中国农业科学院郑州果树研究所育成。

果实扁平，单果重86～124g；果皮底色白，大部分果面披鲜红色；果肉乳白色，风味浓甜，可溶性固形物16%～18%，品种极优，果肉脆，完熟后多汁，黏核；自花结实，极丰产。需冷量650h，栽培时，必须疏果。果实发育期72d，6月中旬成熟。

9. 未来1号

莒县桃树研究所育成的极早熟黄肉甜油桃品种。

果长圆形，果尖明显，单果重150～200g，最大300g，很像仙桃；果面亮丽，全面着浓红色，内膛树下果也能全红，套袋果面金黄色；果实硬度大，近乎不溶质，果实成熟到最后，只是慢慢地收缩，耐贮运，果肉黄，桃味浓郁，口感好；果实可溶性固形物15%

以上，完全成熟时糖度明显增加，最高可溶性固形物含量可达到21.6%。果实生育期67d左右，6月中旬成熟；铃形花，花粉多，自花结实力强，极丰产。

10. 油蟠桃36-5

中国农业科学院郑州果树研究所育成。

果实扁厚，果形端正，平均单果重180g，大果200～250g，缝合线闭合完美，两侧较对称，果顶凹，无裂痕；果皮底色绿白，表面光滑无毛，整个果面披鲜红或玫瑰红色，外观鲜红亮丽，套袋果全黄，不套袋果全红，且特别鲜亮不发乌，不裂果；果肉金黄色，黏核、肉脆，硬溶质，汁液丰富，无酸味，口感浓甜，含糖量18%以上，香味浓郁。6月下旬成熟，自花授粉，易结果，丰产性极好，生产中必须严格疏花疏果，挂果期较长，挂果期能够达到15d，耐运输。

11. 中油桃13号

中国农业科学院郑州果树研究所育成。果实近圆形，果顶圆，果皮底色白，全面着浓红色。果型大或特大，单果重213～264g，大果470g以上。果肉白色，风味浓甜，可溶性固形物12%～14.5%，果肉脆，硬溶质。黏核。果实发育期约85d，成熟期6月25日左右。花朵蔷薇型（大花型），花粉多，自花结实。需冷量550h左右。

早熟、极丰产、优质、不裂果，是综合性状较好的品种。生产上须严格疏果，以发挥其大果型潜力。需冷量较短，露地、保护地均可栽培。

12. 金霞早油蟠

江苏省农业科学院果树研究所育成。

平均单果重142g，大果重250g，果皮底色黄色，果面60%以上着红，果肉黄色，硬溶质，风味甜，可溶性固形物含量11%～13.0%，黏核。有花粉，丰产性好。果实6月底成熟。

13. 风味皇后（优系E）油蟠桃

中国农业科学院郑州果树研究所育成的油蟠桃品种。

果实扁平形，单果重125g左右，外观金黄色，十分精致美观。果肉黄色、硬肉，黏核，风味甜香，品质极上，可溶性固形物18%～20%，风味奇佳。果实发育期约90d，7月上旬成熟，有花粉，自花结实、极丰产，是观光、自采果园和生产高档果、礼品果的首选。

14. 中蟠桃13号

中国农业科学院郑州果树研究所育成的黄肉蟠桃。

果实大、均匀，单果重180～225g，大果400g，果顶平、果肉厚、细腻、不裂顶、不撕皮，果皮75%着红色、茸毛短、干净、漂亮，似水洗一般；可溶性固形物13%，硬溶质，风味浓甜、香，黏核；有花粉，极丰产，综合性状很好，7月上旬成熟。

15. 中蟠桃11号

中国农业科学院郑州果树研究所育成的蟠桃品种，也叫黄金蟠桃。

果实扁平形，两半部对称，果顶稍凹入，梗洼浅，缝合线明显、浅，成熟状态一致；平均单果重250g，大果300g以上；果皮有毛，底色黄，果面80%以上着鲜红色晕，十分美观，皮不能剥离；果肉橙黄色，肉质为硬溶质，耐贮运；纤维中等；果实风味浓甜，有香味，可溶性固形物含量16%。黏核。该品种需冷量650h左右，7月中旬成熟。有花粉，丰产。

16. 霞脆

江苏省农业科学院果树研究所育成。

果实近圆形，平均单果重210g，大果485g；果皮乳黄色，有玫瑰红条纹晕；果肉白色，肉质硬脆，为硬质桃品种，果肉不变软；风味甜，可溶性固形物含量11%～13%，黏核。有花粉。果实采收期长，耐贮运，室温下存放7d左右果实商品性基本不变，可以不套袋，硬度很高，硬脆，汁液比较丰富。果实生育期95d左右，7月中上旬成熟。

17. 中油蟠7号

中国农科学院郑州果树研究所培育的大果浓甜型油蟠桃品种。

果个大，果实扁平形，平均单果重300g，大果350g；果肉黄色，硬溶质、致密，风味浓甜，可溶性固形物16%，品质上；黏核；有花粉，丰产性好，多雨地区有裂果现象，须套袋栽培。7月下旬成熟。

18. 中油蟠9号

中国农业科学院郑州果树研究所培育的大果浓甜型油蟠桃品种。

果实扁平形，平均单果重200g，大果350g；果肉黄色，硬溶质、肉质致密，风味浓甜，可溶性固形物15%，品质上。黏核、丰产、有花粉，生产中有裂果现象，须套袋栽培。7月中旬成熟。

19. 风味太后

中国农业科学院郑州果树研究所育成的黄色油蟠桃品种。

果实扁平，单果重130g左右；外观金黄无彩色，精致美观；硬溶质，可溶性固形物18%～20%，风味甜香，品质极上；黏核；果实发育期105d，7月中下旬成熟。有花粉，极丰产，特色精品，高档礼盒首选。

20. 中油蟠7号

中国农业科学院郑州果树研究所培育的大果浓甜型油蟠桃品种。

果个大，果扁平形，平均单果重300g，大果350g；果肉黄色，硬溶质、致密，风味浓甜，可溶性固形物16%，品质上；黏核；有花粉，丰产性好，多雨地区有裂果现象，须套袋栽培。7月下旬成熟。

21. 金霞油蟠

江苏省农业科学院果树研究所育成。

果实扁平形，果顶凹入，果心小或无果心，基本不裂；缝合线浅，梗洼中广，果肉厚，两半部较对称；平均单果重121g，大果重265g。果皮底色黄，果面80%以上着红色，有的年份几乎全红，外观艳丽。果肉黄色，肉质硬脆爽口，完全成熟果实为硬溶质，纤维中等，风味甜香，可溶性固形物12.0%~14.5%。黏核。果实发育期约110d，果实7月下旬成熟。花粉量多，自花结实，坐果率高，丰产稳产。缺点是果个小、有裂果（套袋后裂果较少），成熟期间若处在雨季，内在品质受雨水影响较大。

22. 黄金蜜3号

中国农业科学院郑州果树研究所育成。

果实圆形，单果重215~260g，果皮底色金黄，大部分果面着浓红色，套袋后整个果面金黄色；果肉金黄色，风味浓甜，香气浓郁，可溶性固形物13%~17%，品质优；硬溶质，较耐贮运；黏核；自花结实，极丰产，应注意疏果，加强夏剪，改善光照，防治虫害。果实发育期125d左右，8月初成熟。

23. 中蟠21号

中国农业科学院郑州果树研究所育成的晚熟黄肉蟠桃品种。

果实宽椭圆形，单果重220g，大果300g以上；果皮呈橙黄色，果肉肉厚呈金黄色；半不溶质，货架期长；风味浓甜，可溶性固形物含量15%～17%；自花结实，丰产性好。树上挂果时间，不软不落。8月中下旬成熟，较中蟠17号晚熟15d左右。该品种综合性状较好，适合生产高档优质果品。

24. 黄金脆

沂水县果茶服务中心育成。

也叫金皇后，果肉橘黄色，细嫩多汁，果核小，近核处有红色素，味甜如蜜，有黄蟠桃的口感，果重300～500g，果实扁圆形像番茄，端正美观，细嫩光滑，酷似油桃，不套袋鲜红，套袋果金黄色，果肉细嫩脆爽，SH肉质，30d不变软，8月底成熟，可挂树到9月中下旬，花粉多，自花结果，自然坐果率高，极丰产。

25. 黄中皇

加工、鲜食兼用黄桃品种，临沂市兰山区果树技术推广中心从晚黄金桃中选出的芽变，2001年育成，2009年通过山东省林木品种审定委员会审定。

果实圆形，缝合线浅，两半部对称，果顶凹；平均单果重196.6g；果皮黄色，成熟后果面着鲜红色，果皮不易剥离；果肉橙黄色，无红色素，肉质细密，不溶质，韧性强；黏核，近核处无红色素；风味酸甜，品质佳；可溶性固形物含量11.8%，可滴定酸含量0.28%；果实发育期130d左右，在临沂地区8月中下旬成熟。

26. 金皇后黄桃

沂水县果茶服务中心、沂水县诸葛镇政府1996年从当地黄桃生产园中的变异单株育成。2008年通过审定，属于鲜食、加工兼用品种。

果实圆形，端正，缝合线明显，果顶微凸，两半部对称，平均单果重164.7g；果皮黄色，光滑；果肉黄色，近核处无红色，硬溶质，黏核；可溶性固形物12%，酸甜适中，具菠萝风味，生食加工兼用；果实生育期130d左右，在临沂地区8月下旬至9月上旬成熟。

27. 锦绣

上海市农业科学院林木果树研究所培育，亲本为白花×云署1号，1973年育成，1985年定名，2003年通过国家林果新品种审定。

果实椭圆形，两半部不对称，果顶圆，顶点微凸，平均单果重150g，最大果重275g；果皮金黄，少数阳面着玫瑰红晕，皮厚，韧性不强，不易剥皮；果肉金黄，色卡7级，近核处着放射状紫红晕或玫瑰晕，硬溶质，风味甜微酸，香气浓；可溶性固形物13%～16%；黏核；山东8月底至9月初成熟，采收期长，耐贮运。

28. 瑞蟠21号

北京市农林科学院林业果树研究所育成，亲本为幻想×瑞蟠4号。

果实大，平均单果重235.6g，最大果重294g。果实扁平形，果个均匀，远离缝合线一端果肉较厚；果顶凹入，基本不裂；缝合线浅，梗洼浅而广，果皮底色为黄白色，果面1/3～1/2着紫红色晕，茸毛薄。果皮中等厚，难剥离。果肉黄白色，皮下无红丝，近核处红色。肉质为硬溶质，多汁，纤维少，风味甜，较硬。核较小，鲜核重7.5g。果核褐色，扁平形，黏核。果实发育期166d左右，在山东中部地区9月中下旬成熟。

树势中庸，树冠较大。花芽形成较好，复花芽多，花芽起始节位为1～2节。各类果枝均能结果，以长、中果枝结果为主。自然坐果率高，丰产。叶长椭圆披针形，叶面微向内凹，叶尖微向外卷，叶基楔形近直角，绿色；叶缘为钝锯齿。蜜腺肾形，多为2～4个。花蔷薇形，粉红色，有花粉；萼筒内壁绿黄色。雌蕊与雄蕊等高或略低。

29. 黄金蜜4号

中国农业科学院郑州果树研究所育成。

果实近圆形，单果重220g左右，大果400g；果皮底色黄，着鲜红色，套袋后呈金黄底色；果肉硬溶质，风味浓甜，浓香，可溶性固形物17.2%，品质极上。有花粉，自花结果，特丰产，大果率高，硬度高，挂果20d不软，极耐贮运。果实发育期160d，9月下旬成熟，适逢中秋、国庆双节。

30. 霜皇金

临沂市康发食品饮料有限公司从南非引进的黄桃品种中优选的黄桃品种。

果实圆形，两半部对称，大果型，平均单果重200g，最大400g；果面金黄色，果肉黄色，艳丽，内外一致，肉厚，汁液中，果肉酸甜，后期酸味消除，含糖量达12%以上，晚采可达16%；核小，可食率79.5%；自花结实，无须套袋，树上挂果20d不变软。10月中下旬成熟。

第二节　栽培技术

一、园址选择与规划

1. 园址选择

桃园要选在生态条件良好、土壤立地条件优良、土质疏松、排水方便的壤土或沙壤土，土层在40cm以上，pH值4.5～7.5，土壤有机质1%～2%，地下水位在1m以下。重茬地没改造前不宜建园。

2. 园地规划

建园前统一合理地规划栽培小区、道路、排灌系统及包装车间、果品贮藏库及生产资料库房等辅助建筑物；强调防风帐建设，果园外围的迎风面应有主林带，一般6～8行，最少4行。林带要乔、灌木结合，不能与桃有相互传染的病虫害。

二、栽植

1. 果园

宜采用宽行密植的栽培方式，株行距（1.5～3）m×（4～6）m，建议行距不低于4m。建园苗木最好采用二年生苗，苗木品种与砧木纯度≥95%，侧根数量≥5条，侧根粗度≥0.5cm，长度≥20cm，苗木粗度≥1.0cm，高度≥100cm，茎倾斜度≤15°，整形带内饱满叶芽数≥6个，接芽饱满、未萌发、无根癌病和根结线虫病、无介壳虫。

2. 授粉树的配置

主栽品种与授粉品种的比例一般在（5～8）：1；当主栽品种的花粉不稳时，主栽品种与授粉品种的比例提高至（2～4）：1。

3. 栽植时期

以春季发芽前较为适宜，也可在秋末冬初落叶后定植，但要采取适当的防冻保护措施。

4. 栽植方法

起垄栽培，垄高30～40cm，上宽40～50cm；长方形栽植，土地两头预留机械拐弯空间。栽苗时要将根系展开，深度以根茎部与地面相平为宜。栽后需立即灌水，水渗下后覆土盖膜。

三、肥水管理

（一）施肥

1. 施肥原则

针对桃园有机肥用量少，施肥量差异较大，肥料用量、氮磷钾配比、施肥时期和方法不合理，施肥灌溉不协调等问题，提出以下施肥原则。

（1）增加有机肥施用量，提倡有机无机配合施用。依据土壤肥力、品种特性和产量水平，合理调控氮、磷、钾肥施用数量，早熟品种施肥量一般比晚熟品种少15%～30%。注意钙、铁、镁、硼、锌和铜等中微量元素的配合施用。

（2）合理分配肥料，桃果采摘后1个月左右进行秋季基肥施用，桃果膨大期前后进行追肥。采摘前3周不宜追施氮肥或大量灌水，以免影响品质。

（3）肥料施用与绿色增产增效栽培技术相结合，夏季排水不畅的平原地区桃园需做好起垄、覆膜、生草等工作，干旱地区提倡采用地膜覆盖、穴贮肥水技术。

2. 施肥量及方法

（1）秋施基肥。提倡果实采收后施基肥，以农家肥为主，果实采后（9—10月），全部有机肥、30%～40%氮肥、40%～50%的磷肥、20%～30%的钾肥作基肥，配合50～80kg/亩硅钙镁钾肥、1～1.5kg/亩硫酸锌、0.5～1.0kg/亩硼砂、3.0～5.0kg/亩硫酸亚铁和土杂肥等有机肥混匀一同施入。提倡基肥一次性施用，以沟施为主，杜绝地面撒施，沟深30～45cm，以达到主要根系分布层为宜。

（2）施肥量。产量水平3 000kg/亩以上，施用有机肥5～6m^3/亩，氮肥（N）18～20kg/亩，磷肥（P_2O_5）8～10kg/亩，钾肥（K_2O）20～22kg/亩。

产量水平2 000～3 000kg/亩，施用有机肥4～5m^3/亩，氮肥（N）15～18kg/亩，磷肥（P_2O_5）7～9kg/亩，钾肥（K_2O）18～20kg/亩。

产量水平1 500～2 000kg/亩，施用有机肥3～4m^3/亩，氮肥（N）12～15kg/亩，磷肥（P_2O_5）5～8kg/亩，钾肥（K_2O）15～18kg/亩。

（3）追肥。60%～70%氮肥和50%～60%磷肥、70%～80%钾肥分别在春季桃树萌芽期、硬核期和果实膨大期分次追施（早熟品种1～2次、中晚熟品种2～4次）。

（4）叶面施肥。全年4～5次，一般生长前期2次，以氮肥为主；后期2～3次，以磷、钾肥为主，可补喷果树生长发育所需的微量元素。常用肥料浓度：尿素0.2%～0.4%，磷酸二铵0.5%～1%，磷酸二氢钾0.3%～0.5%，过磷酸钙0.5%～1%，硫酸钾0.3%～0.4%，硫酸亚铁0.2%，硼酸0.1%，硫酸锌0.1%，10%～20%草木灰浸出液以及氨基酸叶面肥等。最后一次叶面喷肥应在距果实采收期20d以前喷施。

春季萌芽前提倡连续喷施三遍尿素和硼砂。第一遍在2月底开始喷3%尿素+0.5%硼砂，7d后喷第二遍为2.0%尿素+0.5%硼砂，再7d后喷第三遍为1.0%尿素+0.5%硼砂。提倡10月下旬至11月中旬，连续叶面喷施3遍尿素、硼砂和硫酸锌，增加贮藏营养。

3. 水肥一体化

亩产1 500kg以下果园施肥量：氮肥（N）6～7.5kg/亩，磷肥（P_2O_5）4～6kg/亩，钾肥（K_2O）7.5～10kg/亩；亩产1 500～3 000kg果园施肥量：氮肥（N）10～12kg/亩，磷肥

（P_2O_5）5.0～7.5kg/亩，钾肥（K_2O）11～13.5kg/亩；亩产3 000kg以上果园施肥量：氮肥（N）12～13.5kg/亩，磷肥（P_2O_5）7.5～9kg/亩，钾肥（K_2O）13.5～16kg/亩。

施肥时期和比例：施肥时期和比例参考常规施肥，并把常规施肥的每个时期分成2～3次滴灌施入。

肥料品种：尿素、硝酸铵钙、磷酸一铵、工业级硫酸钾、氯化钾、磷酸二氢钾以及复合水溶肥等。

（二）水分管理

适宜的土壤水分有利于开花、坐果、枝条生长、花芽分化、果实生长与品质提高。在桃整个生长期，土壤含水量在40%～60%的范围内有利于枝条生长与生产优质果品。灌水方法主要有地面灌溉、地下灌水、喷灌、滴灌等，除越冬水大水漫灌外，干旱地区宜穴贮肥水，其他地区提倡小沟灌溉和水肥一体化方法。

1. 灌水

（1）萌芽期和开花期。这次灌水是补充长时间的冬季干旱，为使桃树萌芽、开花、展叶、早春新梢生长、增加枝量、扩大叶面积、提高坐果率做准备。此次灌水量要大，一次灌水要灌透，灌水宜足、次数宜少，以免降低地温，影响根系的吸收。如缺水，会影响开花坐果。

（2）花后至硬核期。此时枝条、果实均生长迅速，需水量较多，枝条生长量占全年总生长量的50%左右。但硬核期对水分也很敏感，水分过多则新梢生长过旺，与幼果争夺养分会引起落果，所以灌水量应适中，不宜太多。如缺水，则新梢短，落果增多。此期浇水应浅浇，浇“过堂水”，尤其对初果期的树更应慎重，事实上，有50%的果表现为生长停滞，则是浇水的参考指标。

（3）果实膨大期。一般是在果实采前20～30d，此时的水分供应充足与否对产量影响很大。此时早熟品种在北方还未进入雨季，需进行灌水；中早熟品种（6月下旬）已进入雨季，灌水与否以及灌水量视降雨情况而定。此时灌水也要适量，灌水过多有时会造成裂果、裂核，对一些容易裂果的晚熟品种灌水尤应慎重，干旱时亦应轻灌；如缺水，果实不能膨大，影响产量和品质。

（4）封冻水。我国北方秋、冬干旱，在入冬前充分灌水，对桃树越冬有好处。灌水的时间应掌握在以水在田间能完全渗下去，而不在地表结冰为宜。但封冻水不能浇得太晚，以免因根茎部积水或水分过多，昼夜冻融交替而导致颈腐病的发生。秋雨过多、土壤黏重者，不灌水。

2. 灌水量

一般以达到土壤田间最大持水量的60%～80%为宜，一年中需水一般规律是前多、中少、后又多。掌握灌—控—灌的原则，达到促、控、促的目的。生产中可参考以下公式计算：灌水量（t）=灌水面积（m^2）×树冠覆盖率（%）×灌水深度（m）×土壤容重×[要求土壤含水量（%）-实际土壤含水量（%）]。灌水前，可在树冠外缘下方培土埂、建灌水树盘，通常每次灌水70～100kg/m^2，每个树盘一次灌水量为：3.14×树盘半径（m^2）×70～100kg；单位面积桃园全部树盘的灌水量为：每个树盘一次灌水量×单位面积的株数。生产实践中的灌水量往往高于计算出的理论灌水量，应注意改良土壤，蓄水保墒，节约用水。

四、整形修剪

（一）树形

桃树适宜树形较多，常用的有自然开心形、主干形、“Y”

形、杯状形等。无论哪种树形，都要本着调减枝量、改善通风透光条件、稳定树势的目的。对栽植密度较大、郁闭较重的果园，采取间伐、疏除大枝或侧枝重回缩等技术措施，打开光路，改善树冠内光照，使果园行间冠间距保持在0.8m以上，透光率达到25%以上。应根据果园砧木和栽培密度选择合适树形，多采用主干形、“Y”形、杯状形，同一小区要求树形一致。

1. 主干形

（1）树形结构。树高2.0～2.5m，干高50～70cm，主干上留15～20个侧生枝（组），枝（组）间距20cm左右错落均匀着生分布，开张角度100°～120°，下大上小，中心干直立。株行距（1.5～2.0）m×4m。为避免出现上强现象，可在主干上离地面50cm以上留出顺树行行向的两个主枝做牵引枝，牵引枝上按空间合理搭配中庸的结果枝。

（2）修剪。

①定干：苗木60～80cm处定干，发芽后将干上50cm以下的芽全部抹去。插竹竿，将顶上旺梢绑直向上生长，成为中央领导干，距地面60～70cm处开始选留生长健壮的枝条，当新梢长到50～60cm时用布条、拉枝器或通过拉枝、捋枝等方法将其拉开到120º左右。全树总高度2.5～3.0m。

如果株距小于1.5m，主干上直接着生结果枝。对主干上的新梢15cm时摘心，再长到15cm时再摘心。冬季修剪时适当长留或不短截，把1/3枝留做预备枝。树体总高度依行距而定，一般树高是行距的0.8～0.89。

②扶干：当主干长至1m左右时需用2.8m左右的竹竿扶直、绑缚主干，使主干顶端保持向上旺盛生长，防止被风吹折，随着苗木长高不断绑缚，防止歪斜，最好设立支架，捆绑主干与竹竿的绳子

系得不要太紧，以免伤及主干。随着主干的增高，一般绑扶3～4次。整形期间如遇梨小食心虫咬去主干新梢情况，则重新扶起新长出的一个枝作主干，靠近主干的其他各枝摘心或短截，促发新枝，形成大量结果枝。

（3）管理。

①前促管理：在新梢长到20cm以上时，以尿素为主追第一遍肥，以后每隔20～30d追1次肥；追肥后及时灌水，然后结合病虫害防治叶面追肥，促进树体生长。

整株树，保持中央领导干直立，其他生长势旺的需拿枝，生长势弱的细弱枝不做处理。疏除过密枝，一般要求疏除后，20cm的主干均匀、螺旋排列3～4个枝条（枝条不能对生）。

②后控管理：当新梢长至40～50cm时要及时捋枝、拿枝、扭曲下垂，控制旺长，拿枝结束，枝条基本呈水平状（或水平略向上），个别强旺新梢要留2～3片叶（10cm左右）重摘心；及时控制主干竞争枝，过低的基部新梢6月后逐步疏除。

③化学控冠：6—7月，当树高达2m左右、全树有20多个优质新梢时应及时喷150倍液多效唑控制，特别是一些不易成花的品种。喷药的时间一般在6月下旬至7月上旬，控制效果不好时，要连喷2次。地下追施或叶面喷施磷、钾肥，促进花芽分化。近几年果农郑凯旋、裴增云等用高浓度氨基酸也起到了控制新梢旺长促花作用，做法是当新梢长到3～5cm时喷50倍液的氨基酸，长到10cm时再喷一次30～40倍液的氨基酸能起到和多效唑相似的控制效果，新梢不超过5cm时效果最好，超过30cm再喷就没有效果了。

④冬剪塑形：第一年冬剪疏除过粗、过大、过密枝和中干上的竞争枝，不能留较粗的枝（粗枝争夺养分能力强）；顶部多留细弱果枝，下部多留健壮果枝；盛果期修剪仍要坚持以夏季修剪为主的

原则，管理修剪方法基本上与第一年相同。注意控制上强和横生枝的角度与长势，保持健壮树势。对中干的中部也可疏枝造伤口，利用这些伤口阻挡根部向上输送贮藏营养，这样就能达到全树上下生长一致，整体就可以平衡。

2. “Y”形

（1）树形结构。树高3.0～3.5m，干高50cm以上，定干70cm，选留两个对生、长度和粗度均匀一致的主枝，夹角40°～50°。主枝上不留侧枝，单轴延伸，直接着生30～35个结果枝或小型枝组，及时处理竞争枝。株行距（1.5～2.0）m×（4～6）m，行向南北。

（2）修剪。

①定干：根据苗木情况，一般离地面70cm左右处定干，剪口下最好有5～6个饱满芽。

②抹芽：萌芽成活后，离地面30cm以下的芽抹掉。

③选留主枝：6月初新梢长至30～40cm时（中部半木质化），选留生长势好并垂直于行向的两个新梢作为主枝培养，将两个主枝绑缚在竹竿或架材上，保持两主枝夹角50°～60°，疏除1～2个生长旺盛的新梢，生长较弱的新梢可以临时保留，其背上的二次枝长到10～20cm时剪掉。

④夏季修剪：及时处理主枝背上过旺的二次梢以及外围延长梢附近过旺的二次梢，保持延长梢优势，保证单轴延伸。

⑤冬季修剪：疏除过强的临时枝，主枝上的分枝按去强留弱、去直留斜的原则疏除部分过密枝，保持分枝间距10～20cm，疏除外围延长枝的竞争枝，除背上枝条外其他部位疏剪时可留短橛，利于第二年发枝。

⑥修剪时保持两侧主枝平衡，主枝上直接着生结果枝、结果枝

组，减少级次，注意疏除背上、背下枝，保持内堂通透；结果枝、枝组修剪去强留弱，保持健壮中庸的枝势。

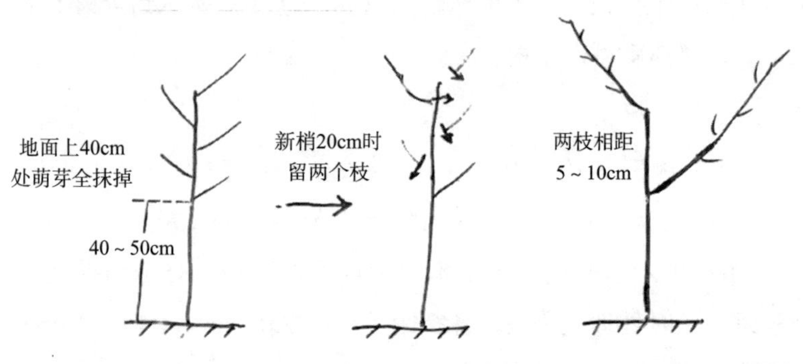

图9-1 “Y”形整形示意图（朱更瑞，2011）

3. 杯状形

杯状形是由开心形演变而来，有三主枝形、四主枝形，株行距（3～4）m×（4～5）m，树型紧凑，树冠体积小，幼树整形修剪量小，成形快，早期产量高；成龄后不须支撑，树下空间大，作业方便。

（1）三主枝形。干高30～40cm，树高3.5～4.5m，主枝开张角度25°～40°，主枝上直接着生结果枝或中小型结果枝组，同侧中型结果枝组间距60cm以上，小型枝组间距30～40cm。

（2）四主枝形。干高30～40cm或无主干，配置4个主枝，主枝开张角度15°～20°，主枝上直接着生结果枝组，20～30cm配置一个小型枝组，下部枝组以骨干枝背后斜侧为主，上部枝组以侧方为主。

（二）修剪方法

1. 生长季修剪方法

生长季修剪主要目的是通过疏除过密枝梢和徒长枝梢改善通风

透光条件，促进果实着色和提高果实品质。

生长季修剪从落花至落叶，每月进行1次，一般要进行5次。少量多次要比大量少次更省工，且更有利于桃树生长结果。生长季修剪对桃树生长抑制作用较大，因此修剪量要轻，每次修剪量不能超过树体枝叶总量的5%。

生长季修剪主要修剪的方法可用“去伞、开窗、疏密”6个字进行概括。

去伞：疏除树体上部或骨干枝上对光照影响严重的结果枝组和直立的徒长梢。

开窗：疏除骨干枝上过密的结果枝组。

疏密：疏除过密的新梢。

2. 冬季修剪

冬季修剪一般在桃树落叶后发芽前进行，目的是通过短截、疏枝、长放、回缩等措施平衡树势，构建树形。目前多采用长枝修剪。

长枝修剪是基本不短截、多疏剪、缩剪长放、保留的一年生果枝较长的冬季修剪技术。长枝修剪技术相对于传统修剪缓和营养生长势，易维持树体营养和生殖生长平衡；操作简便，易掌握；节省用工，较传统修剪节省用工1～3倍，每年减少夏剪1～2次；改善树冠内光热微气候生态条件，树冠内透光量提高2～2.5倍；显著提高果实品质，果实着色提前且着色好；采用长枝修剪后树势缓和，优质果枝率增加，花芽形成质量获得提高，花芽饱满，由于保留了枝条中部高质量花芽，提高花芽及花对早春晚霜冻害的抵抗能力，树体的丰产和稳产性能好；一年生枝的更新能力强，内膛枝更新复壮能力好，能有效地防止结果枝的外移和树体内膛光秃。

（1）选留骨干枝与枝组。主枝每亩80～120个，幼树和结果期主枝角度分别为40°～45°和50°～60°；每主枝留6～8个大中型枝组；树势较直立和幼树，留斜上生或水平枝组，不留背上和背下枝组；树势开张或大树，主要留斜上生或直立枝组。同侧枝大组应相距80cm以上。

（2）修剪方法。长放、疏剪、回缩为主，基本不短截。

（3）留枝量。长果枝结果品种，大于30cm果枝亩留枝量在4 000～6 000个，总枝量1万个以内；中短果枝结果品种，大于30cm果枝亩枝量5 000～6 000个以内，总枝量1.2万个以内。

（4）及时疏花、疏果，合适负载量。中小或大型果品种每15～20cm或25～30cm留1果，即每长果枝留3～5个果或1～3个果。树体上部枝和营养生长旺盛的枝应多留果，反之少留果。早、中、晚熟品种分别在花后15～20d、25d和40d内结束疏果。疏果时尽量留枝条前中部果。

3. 盛果期修剪技术

盛果期树的指标是树冠骨架完全形成，结果枝陆续增多，产量上升，并趋于稳产，骨干枝上的小型枝组开始衰弱，主要结果部位转向大中型结果枝组。所以说盛果期树的修剪任务是维持树势中强，调整主侧枝生长势要均衡，加强结果枝组更新修剪，以防止早衰和内膛光秃，结果位置外移。

（1）延长头的修剪。生长势旺树延长头甩放，疏除部分副梢；中庸树短截至健壮副梢处；弱树带小橛延长，即对延长头短截，留健壮副梢。

（2）果枝修剪以长放、疏剪、回缩为主，基本不短截。骨干枝上每15～20cm保留1个>30cm长结果枝，同侧枝条间距离一般30cm以上。长果枝结果品种，保留30～60cm结果枝，疏除大部分<30cm中果枝，>30cm果枝亩留枝量4 000～6 000个，总枝量1万以内；中短果枝结果品种，保留<30cm果枝和部分>40cm枝条，>30cm果枝亩枝量2 000个以内，亩总果枝量12 000个以内。果枝以斜上、斜下为主，少量背下枝，尽量不留背上枝。

（3）结果枝组的更新。用一年生枝基部的生长势中庸的背上枝进行更新；采用回缩，将已结果的母枝回缩至基部健壮枝处、或母枝中部合适的新枝更新；利用骨干枝上新枝更新。

4. 长枝修剪中注意的问题

（1）加大疏花、疏果力度，控制留果量。采用长枝修剪后，整体留枝量减少了，但花芽的数量并没有减少。而且由于长枝修剪后春季春梢生长缓和，坐果率增加，使果实数量增加，因此要注意加大疏花、疏果力度。在疏果时要尽量留枝条前部和中部的果，使枝条随着果实的生长下垂，以利于枝条基部萌发长果枝，用于第二年更新。

（2）控制留枝量。在许多地区推广长枝修剪时，短枝和花束状果枝留得过多，造成长果枝发生数量减少，更新困难。因此，除要控制长枝的数量外，短果枝和花束状果枝的数量也要控制，适当疏除部分短枝和花束状果枝。

（3）大果型或易采前落果的品种，要多留中短枝，以中短枝结果为主。

（4）衰弱的树、没有灌溉条件的树不宜采用长枝修剪。

（5）对于新定植的幼年树就可以使用“长枝修剪”技术，对于以往使用传统修剪技术进行修剪的果园，冬季修剪时可以使用“长枝修剪”技术进行改造。

五、花果管理

（一）提高坐果率的措施

1. 配置授粉品种

建园时要配置适量的授粉品种，特别是对花粉不育的品种，更应考虑配置授粉品种，或进行人工授粉；对雌蕊发育不完全的，除品种因素外，应加强后期管理，减少秋季落叶，增加树体贮藏养分，使花器发育充实，提高抗寒力和花粉的发芽力。授粉品种常选择花量大，花期相遇的品种，生产上建园时采用多个品种混栽或按1：4或1：5的比例进行搭配种植。

2. 强化桃园综合管理，提高树体营养水平

通过提高综合管理水平，多施有机肥，合理水肥措施，保证树体正常生长发育；加强病虫害的综合防治，保护好叶片，防止非正常落叶；合理整形修剪，改善光照。

3. 授粉

主要采取昆虫授粉、人工授粉等方式，提高授粉效果，有效地提高坐果率，促进果实整齐、端正。

4. 预防霜害

有些年份或部分地区会遇到晚霜危害，特别是近几年暖冬的出现，导致桃树开花提前，遇到倒春寒会导致桃树冻害，引起坐果率降低甚至绝产。为防止春季寒流侵袭造成冻花，除提高树体抗寒力外，通过灌水或喷水增加果园湿度、熏烟等措施，加强桃树倒春寒的预防，以防花期受冻。

5. 花前复剪

花前一周对所留的结果枝进行复剪，有盲节的长果枝要将盲节剪去，剪口留背下叶芽，无叶芽的短果枝、花束状果枝尽量疏除不用。过密的结果枝、主侧枝背下的结果枝及早疏除。

6. 合理负荷

通过疏花疏果，使桃树挂果适量，合理负载，以调节好果实和枝叶、结果与花芽分化的关系，以提高坐果率和果实质量。

（二）授粉

桃树的授粉以配置授粉树，通过风、昆虫等传媒来自然完成授粉过程为主，同时辅以人工辅助授粉。

1. 蜜蜂或壁蜂授粉

（1）合理放置蜂群。中华蜜蜂在桃树开花之前10d、角额壁蜂在初花期前4d左右放蜂，一般果园放中蜂数量2 000～4 000头/亩，放壁蜂100～150头/亩，对于不是集中释放园片要加大释放量，一般300～500头/亩，放蜂后应经常检查，防止各种壁蜂天敌。放蜂期一般在15d左右。

（2）加强放蜂后的管理。果园放蜂前10～15d喷1次杀虫杀菌剂，放蜂期间不喷任何药剂，树干不能药物涂环；配药的缸（池）用塑料布等覆盖物盖好；巢箱支架涂抹沥青等以防蚂蚁、粉虱、粉螨进入巢箱内钻入巢管，占据巢房，为害幼蜂和卵。中华蜜蜂授粉需要注意对蜂群的饲养，果园内要提前栽植一些蜜源植物，气温高于13℃时蜂群才采粉授粉。利用壁蜂授粉需要设置巢箱、巢管和放茧盒，并在巢前挖1个深20cm、口径为40cm的坑，提供湿润的黄土，土壤以黏土为好，坑内每天浇水保持湿润，供蜂采湿泥筑巢房，确保繁蜂。

2. 人工授粉

（1）花粉的制取。授粉前2～3d，选择生长健壮的桃树，摘取含苞待放的花蕾置于室内阴干取粉，温度控制在20～25℃，并将筛除花瓣等杂质的花粉装入棕色玻璃瓶中，放在0℃以下的冰箱内贮存备用。

（2）人工点授。选择晴天上午，用过滤烟嘴、棉签、气门芯、授粉棒等做成授粉器，沾上稀释后的花粉，按主枝顺序点授到新开的花的柱头上。一般长果枝点5～6朵，中果枝3～4朵，短果枝、花束状果枝1～3朵；每沾一次可授5～10朵花，每序授1～2朵花。花粉要随用随取，不用时放回原处。

（3）授粉器授粉。花粉与滑石粉按1∶10（容积）左右充分混合后装入机械授粉器进行授粉，根据树体枝条位置调节喷粉量，以顶风喷为宜，可以提高效率20～30倍。

（4）液体授粉。盛花期将采集的花粉制成花粉液，用微型喷雾器喷雾授粉，省工又省时。花粉液的配制：先用蔗糖250g加尿素15g加水5kg，配成糖尿混合液，临喷前加花粉10～12g、硼砂5g，充分混匀，用2～3层纱布过滤即可喷雾，要随配随喷。

（三）疏花疏果

1. 疏花

桃疏花在生产上一般采用人工，在蕾期和花期进行，原则上越早越好，花蕾露瓣期即花前1周至始花前是花蕾受外力最易脱落的时期，是疏蕾的关键时期。主要疏摘畸形花、弱小的花、朝天花、无叶花，留下先开的花，疏掉后开的花；疏掉丛花，留双花、单花；疏基部花，留中部花。全树的疏花量约1/3。长果枝留5～6个花，中果枝留3～4个花，短果枝和花束状果枝留2～3个花，预备枝上不留花。

2. 疏果

以人工疏除为主，宜早不宜迟，可分两次进行。第一次在生理落果后（约谢花后20d）开始，疏除小果、黄萎果、病虫果、并生果、无叶果、朝天果、畸形果，选留果枝中上部的长形果、好果，已疏花的树，可不进行第一次疏果。第二次疏果也叫定果，在第二次生理落果后（谢花后40d左右）进行，早熟品种、大型果品种宜先疏，坐果率高的品种和盛果期的树宜先疏；晚熟品种、初果期树可以适当晚疏。

疏果的原则是以产定果，盛果期树要求亩产量控制在2 000～2 500kg为宜，黄桃园亩产量控制在3 500kg左右。大型果少留，小型果多留，长果枝留3～4个，中果枝留2～3个，短果枝、花束状结果枝留1个或不留。

（四）套袋

1. 袋子的选择

一般以纸袋为主，选用材质牢固、耐雨淋日晒、透明度较好的袋子，目前果袋有报纸袋、套袋专用纸袋、无纺布袋等。早熟桃用白色或黄色等浅色袋，晚熟品种用橙色袋、褐色袋、深色双层袋。

2. 套袋时间

在定果后及时套袋，一般在谢花后50～55d进行套袋，此期疏果工作已完成，病虫大量发生前特别是桃蛀螟产卵前进行，一般在5月中下旬开始套袋，套袋时间以晴天9—11时和15—18时为宜。

3. 套前喷药

套袋前在晴天对树体和幼果喷施一次杀虫剂和保护性杀菌剂，

杀死果实上的虫卵和病菌，药液干后再套袋。

4. 套袋方法

套袋顺序为先早熟后晚熟，坐果率低的品种可晚套，减少空袋率，应遵从由上到下、从里到外、小心轻拿的原则，不要用手触摸幼果，不要碰伤果梗和果台。树冠上部及骨干枝背上裸露果实应少套。

操作时双手提袋，缺口对准果实，轻轻抖动，把桃果装进袋子，桃袋缺口紧靠枝条，右侧向后、左侧向前交叉，然后按“折扇”方式左手从前向后、右手从后向前竖折，右手最后把竖折在一起的袋口向前折叠，注意操作时要使果实位于袋中央，以防日灼，勿将叶片或枝条装入袋内。

5. 套袋后的管理

套袋桃园要注意加强肥水管理和叶片保护，以维持健壮的树势，满足果实生长需要。在7—9月每月喷1次300～500倍液的氨基酸钙或氨基酸复合微肥。果实膨大期、摘袋前应分别浇一次透水，以满足套袋果实对水分的需求和防止日灼。果实袋内生长期应照常喷洒具有保叶和保果作用的杀菌剂，以防病菌随雨水进入袋内为害。

6. 摘袋

摘袋一般在果实成熟前10～20d进行，一般在果实采收前10d左右解袋，在果实成熟前对树冠受光部位好的果实先进行解袋观察，当果袋内果实开始由绿转白时，就是解袋最佳时期，先解上部外围果，后解下部内膛果，一天中适宜解袋时间为9—11时、15—17时；浅色袋不用去袋，采收时果与袋一起摘下；对于单层袋，易着色品种采前4～5d解袋；不易着色品种采前10～15d解袋，中等着色品种采前6～10d解袋。先将袋体撕开使之于果实上方呈一伞形，以遮挡直射光，5～7d后再将袋全部解掉。对于双层袋，采前12～15d先沿袋切线撕掉外袋，内袋在采前5～7d再去掉。

7. 摘袋后的配套措施

（1）及时摘叶。果实着色期，即在果实成熟前，直射光对果实着色有较大的影响，由于叶片较多，果实着色可能不均匀，此时将挡光的叶片或紧贴果实的叶片少量摘去，可使果实着色均匀，果面着色度提高10%～20%。摘叶时不要从叶柄基部掰下，要保留叶柄，用剪刀将叶柄剪断。最好果面上没有叶影、枝影。

（2）铺反光膜。铺反光膜能促进果实着色。摘袋后在行间将幅宽1m的反光膜顺行铺平，并隔一定距离用木棍或竹竿压牢，反光膜反射的散射光，对内膛和树冠下部的果实着色非常有利。

（3）适期采收。为了提高套袋果的优质果率，多生产高档优质果品，要根据果实的着色情况适期、分批采收。在适宜采收期内，采收越晚，着色越好，品质越佳。由于套袋果果皮较薄嫩，在采收搬运过程中，尽量减轻碰、压、刺和划伤。

第三节　病虫害防治技术

一、桃树主要病害及防治措施

主要病害及防治措施见表9-1。

表9-1　主要病害及防治措施

<table>
<tr><th rowspan="2">病害名称</th><th rowspan="2">为害症状</th><th rowspan="2">发生特点</th><th colspan="2">防治措施</th></tr>
<tr><th>农业措施</th><th>化学防治</th></tr>
<tr><td rowspan="2">穿孔病</td><td rowspan="2">叶穿孔早落，病果现褐色、凹陷病斑</td><td rowspan="2">细菌性穿孔病为主，褐斑穿孔病呈上升趋势</td><td rowspan="14">健体栽培，清园，萌芽前喷施3～5°Bé石硫合剂</td><td>20%噻菌铜800倍液</td></tr>
<tr><td>20%噻枯唑500倍液</td></tr>
<tr><td rowspan="2">流胶病</td><td rowspan="2">枝干、果实流胶</td><td rowspan="2">侵染性流胶病5月上旬至6月上旬、8月上旬至9月上旬发病高峰</td><td>70%甲基硫菌灵700倍液</td></tr>
<tr><td>40%氟硅唑5 000倍液</td></tr>
<tr><td>腐烂病</td><td>枝干树皮腐烂</td><td>4—6月发病最重</td><td>刮除病斑+涂抹843康复剂原液</td></tr>
<tr><td>疮痂病</td><td>果实龟裂</td><td>7—8月发病盛期</td><td>60%吡唑醚菌酯·代森联水分散粒剂1 000倍液</td></tr>
<tr><td rowspan="2">褐腐病</td><td rowspan="2">果肉变褐软腐</td><td rowspan="2">接近成熟期发病最重</td><td>25%吡唑醚菌酯2 500倍液</td></tr>
<tr><td>50%腐霉利1 000～2 000倍液</td></tr>
<tr><td rowspan="2">炭疽病</td><td rowspan="2">为害果实、叶片、新梢</td><td rowspan="2">发病最适温度25℃</td><td>80%炭疽福美500倍液</td></tr>
<tr><td>25%嘧菌酯悬浮剂800～1 000倍液</td></tr>
<tr><td rowspan="2">白粉病</td><td rowspan="2">叶面布白色粉状物</td><td rowspan="2">病菌对硫及硫制剂敏感</td><td>20%粉锈宁乳油3 000倍液</td></tr>
<tr><td>50%甲基硫菌灵800倍液</td></tr>
<tr><td rowspan="2">根癌病</td><td rowspan="2">癌瘤</td><td rowspan="2">细菌性病害，发育最适温度22℃，最适pH值为7.3</td><td>避免重茬，栽前用K84蘸根</td></tr>
<tr><td>癌瘤切后用100倍硫酸铜溶液或1～3倍K84或涂波尔多浆保护</td></tr>
</table>

二、桃树主要虫害及防治措施

主要虫害及防治措施见表9-2。

表9-2　主要虫害及防治措施

<table>
<tr><th rowspan="2">害虫</th><th rowspan="2">为害症状</th><th rowspan="2">发生特点</th><th colspan="2">防治措施</th></tr>
<tr><th>农业措施</th><th>化学防治</th></tr>
<tr><td rowspan="2">蚜虫</td><td rowspan="2">叶片卷曲，落叶</td><td rowspan="2">一年10～20代</td><td rowspan="15">5°Bé石硫合剂清园，杀虫灯、粘虫板、糖醋液、诱剂诱杀，套袋等</td><td>50%氟啶虫胺腈10 000～12 000倍液</td></tr>
<tr><td>22.4%螺虫乙酯4 000～5 000倍液</td></tr>
<tr><td rowspan="2">叶螨</td><td rowspan="2">刺吸叶片为害</td><td rowspan="2">一年12～15代</td><td>24%螺螨酯悬浮剂3 000倍液</td></tr>
<tr><td>5%噻螨酮乳油1 500～2 000倍液</td></tr>
<tr><td rowspan="2">梨小食心虫</td><td rowspan="2">蛀食梢（折梢）和果实</td><td rowspan="2">一年4～5代</td><td>35%氯虫苯甲酰胺8 000倍液</td></tr>
<tr><td>2.5%高效氟氯氰菊酯乳油1 500～3 000倍液</td></tr>
<tr><td rowspan="2">桃蛀螟</td><td rowspan="2">蛀食果实</td><td rowspan="2">一年1～5代</td><td>35%氯虫苯甲酰胺8 000倍液</td></tr>
<tr><td>2.5%溴氰菊酯乳油2 000～3 000倍液</td></tr>
<tr><td rowspan="3">桃小食心虫</td><td rowspan="3">蛀果成“豆沙馅”</td><td rowspan="3">一年2代</td><td>5%毒死蜱颗粒剂2～3kg兑细土配制成15～20kg毒土</td></tr>
<tr><td>35%氯虫苯甲酰胺8 000倍液</td></tr>
<tr><td>20%虫酰肼乳油1 500倍液</td></tr>
<tr><td rowspan="2">介壳虫</td><td rowspan="2">吸食枝干汁液</td><td rowspan="2">桃球蚧一年1代，桑白蚧2代，康氏粉蚧2～3代</td><td>22.4%的螺虫乙酯3 000～5 000倍液</td></tr>
<tr><td>25%噻嗪酮1 500～2 000倍液</td></tr>
<tr><td rowspan="2">红颈天牛</td><td rowspan="2">钻蛀枝干</td><td rowspan="2">2～3年1代</td><td>毒棉球（40%毒死蜱5倍液）堵塞虫孔</td></tr>
<tr><td>40%毒死蜱乳油800倍液</td></tr>
</table>

（续表）

害虫	为害症状	发生特点	防治措施	
			农业措施	化学防治
桃潜叶蛾	潜食叶肉组织	一年7～8代	5°Bé石硫合剂清园，杀虫灯、粘虫板、糖醋液、诱剂诱杀，套袋等	20%杀铃脲悬浮剂6 000～8 000倍液
金龟子	吃食叶片	一年1代		毒死蜱毒土毒杀幼虫
				40%毒死蜱乳油300～500倍液
桃小绿叶蝉	吸食枝、梢、叶的汁液	一年3～6代		10%吡虫啉可湿性粉剂4 000倍液
				5%高效氯氰菊酯乳油2 000～3 000倍液
果蝇	蛀食果肉	黑腹果蝇一年10～11代，铃木氏果蝇3～10代		地面喷施20%灭蝇胺800倍液
				2.5%高效氯氰菊酯乳油2 000～4 000倍液
				100亿CFU/mL短稳杆菌悬浮剂800倍液

第十章　大樱桃栽培技术

第一节　品种和矮化砧木选择

一、砧木

常见大樱桃砧木见表10-1。

表10-1　常见大樱桃砧木

	来源	优点	备注
考特（Colt）	英国东茂林试验站欧洲甜樱桃×中国樱桃杂交育成的三倍体	与甜樱桃品种亲和性好，树势强、不衰老、丰产性强、生长整齐；根系发达，水平根多，须根多而密集，固地性强，抗风力强。对土壤适应性广，在土壤排灌良好的沙壤土上生长最佳，硬枝和嫩枝扦插都容易繁殖	根瘤病发生相对较重，树势旺，进入结果期晚，对干旱和石灰性土壤适应性有限，土壤稍微黏重或偏碱性（pH值超过7.5）就会广泛发生根瘤，而且其对根瘤病的抗性不强，发生根瘤后生长极受影响

（续表）

	来源	优点	备注
大青叶	烟台当地从中国樱桃（小樱桃）实生苗中选育出的叶片较大、叶色深绿、苗干青绿的甜樱桃乔化或半矮化砧木	根系发达，垂直根较多，不易倒伏，固地性较强、耐旱、较耐涝、较抗根癌病、适应性广，嫁接大樱桃成活率高，无“小脚”现象，幼树生长健壮，盛果期高产、稳产	扦插不易生根，压条繁殖出苗率低，耐寒力相对较弱，局部地区有“抽条”现象
马哈利CDR-1	西北农林科技大学选育的樱桃砧木品种	抗根癌病、矮化、抗旱、早果性强，耐盐碱、耐寒	不耐涝
马哈利CDR-2	西北农林科技大学育成，亲本为马哈利CDR-1×草原樱桃	树冠高达2～3m，萌芽力和成枝力强，矮化性、抗逆性强，嫁接甜樱桃，早果性和丰产好	
吉塞拉5号	德国选育品种，用酸樱桃×灰毛叶樱桃杂交育成三倍体矮化砧	树体开张，分枝基角大，须根多	对肥水条件要求较高，固地性差，“小脚”现象严重，大量结果后树势早衰
吉塞拉6号	德国选育品种，用酸樱桃与灰叶毛樱桃杂交育成，属半矮化砧	具有矮化、丰产、早实性强、抗病、耐涝、土壤适应范围广、抗寒等优良特性	固地性稍差，在黏土地上生长良好，萌蘖少，易患“小脚病”
Y1	山东省果树研究所用多倍体育种技术，从吉塞拉6号的六倍体后代中选育出的四倍体矮化砧木品种	生长势强，幼树生长速度快，成品苗第二年开花结果。表现早实、丰产，抗病性强，土壤适应性广，与甜樱桃嫁接亲和性强	

（续表）

	来源	优点	备注
矮杰	山东省果树研究所用多倍体育种技术，从吉塞拉6号的六倍体后代中选育出的四倍体矮化砧木品种	生长势强，无早衰，无小脚现象	
兰丁1号	北京市林业果树科学研究院通过樱桃种间远缘杂交结合胚挽救技术培育出的甜樱桃乔化砧木	根系发达，固地性好，综合适应性强	具有一定的抗根癌能力，适合丘陵、山地等土壤较瘠薄地区
兰丁2号			具有耐盐碱、耐涝及抗重茬能力，适合平原、丘陵等地区
兰丁3号			易于繁殖
京春1号	北京市林业果树科学研究院通过酸樱桃与中国樱桃远缘杂交培育出的甜樱桃矮化砧木	早花、早果、半矮化	抗根瘤能力较强，较好的抗重茬能力，适宜在肥水条件中等及以上的地区栽培
京春2号		早花、早果、半矮化	较抗涝，适宜在肥水条件中等及以上的地区栽培
京春3号		早花、早果、矮化	适宜在肥水条件中等及以上的地区栽培
烟樱1号	烟台市农业科学研究院从大青叶根孽苗中筛选出的抗根瘤砧木	主根和侧根均发达，对根瘤病抗性比大青叶强	

（续表）

	来源	优点	备注
烟樱2号	烟台市农业科学研究院从山樱花实生苗中筛选出的抗涝性强砧木	须根发达，叶片革质，耐涝性强，耐重茬特性强	
烟樱3号	烟台市农业科学研究院从大青叶优系选出	树势强，根系分布较深，根系发达，固地性强，通过压条易繁殖，嫁接大樱桃亲和性好、无大小脚病	抗涝性、抗根瘤病方面明显优于大青叶

二、优良品种

大果型、硬肉、丰产优质新品种是今后发展的方向，要早、中、晚熟合理搭配。目前福晨、美早、佳红、布鲁克斯、萨密脱、蜜露、齐早、鲁樱5号、黑金等是当前发展的主栽品种。

1. 早甘阳

山东省果树研究所从红南阳自然杂交种实生选种育成的早熟品种。

果实圆心脏形，缝合线不明显，平均单果重7.5g；果皮光亮，紫红色；果肉紫红色，细腻多汁，甘甜，可溶性固形物15.0%，可滴定酸0.60%。果实发育期35d左右，在鲁南地区5月15日左右成熟。可选用拉宾斯等为授粉品种。

2. 福晨

烟台市农业科学研究院以萨米脱×红灯杂交选出的品种。

果实心脏形，果顶较平，缝合线不明显，平均单果重9.7g；果面鲜红色；果肉淡红色，硬脆，甜酸，可溶性固形物18.1%，硬度1.5kg/cm^2，可滴定酸0.70%；可食率93.2%。果实发育期30d左右，在鲁南地区5月15日左右成熟。自花不实，可选择早生凡、美早、桑提娜等为授粉品种。

3. 蜜露

大连市农业科学研究院从9-19自选优系与美早的杂交后代选育。

果实宽心脏形，双肩突起、宽大；梗洼宽广、较深，平均纵径2.53cm，平均横径3.05cm，平均单果重11.83g，最大15g，果柄长3.43cm；果实整齐有顶洼，较窄小，中心有一灰白色小斑点；腹部上方有一道隆起，如胸凸，红褐色，由此往下变平凹；背面有一纵沟，较宽；缝合线较宽，初熟时鲜红色、色泽亮丽；充分成熟时紫红色渐变为紫黑色、蓝黑色，亮泽。果肉肥厚，深紫红色；含可溶性固形物18.9%，香气浓，回味悠长，脆甜，维生素C含量为12.00mg/100g，总酸0.59%，可溶性糖12.78%，抗裂果，耐贮运。鲁南地区5月中旬成熟。可搭配齐早、布鲁克斯等早熟品种作为授粉树。成熟后，可在树上存留半个月。

4. 俄罗斯8号

从俄罗斯引入，又名含香。

果实宽心脏形，缝合线隆起，双肩凸起、宽大，有胸凸，果柄细长，果个较大；果皮厚韧，弹性强，成熟时果实颜色从鲜红色渐至黑紫色，油润黑亮；果肉甜香味浓，平均单果重12.9g，可溶性固形物含量均在20%以上。在大连地区6月上旬成熟。俄罗斯8号优质、丰产、抗寒，原产地最低气温-34℃。树势中壮、适于密植。可选择佳红、拉宾斯或美早、萨米脱为授粉品种。

5. 波尔娜

波尔娜大樱桃原产俄罗斯，为晚熟品种。

心脏形，特大果，平均单果重15g，最大单果重可达20g，果柄较长，缝合线明显，缝合线两侧有凸起，脐点较大，果顶稍内陷；果皮厚，颜色深红，完全成熟呈紫红色；果肉红色，口感甘甜多汁，甜度高达19%，可食率94.3%，肉质硬，属于硬质果，耐贮运。畸形果率极低，不裂果，树势开张。波尔娜畸形果率低，几乎无裂果现象，耐贮运性好，产量高，抗病虫害能力强，对土壤适应性好。成熟期在5月下旬，果实成熟期集中（方便管理），采收期短（省人工），需冷量中等。可以用黑珍珠、布鲁克斯、拉宾斯授粉。

6. 黄蜜

中国农业科学院郑州果树研究所培育而成的品种，适于荒山、沙地和坡崖地栽植，适宜北方地区、西部山区及保护地栽培。

果肉透亮，是蜜甜型优良品种。它具有耐瘠薄、不抗旱、不耐涝的特点。一般单果重10g左右，口感甘甜，糖分特别高，皮薄肉多，不耐运输，不过深受广大年轻人喜爱。5月下旬成熟。自花结实，丰产并可做授粉树。

7. 美早

从美国引入的一种晚熟品种。

果圆形至短心脏形，顶端稍平，脐点大。果柄粗短。果实大，平均单果重11.6g，大者可达18g。果皮红色至紫红色，有光泽。果肉淡黄色，肉质硬脆，肥厚多汁，风味中上；可溶性固形物17.6%；果核圆形，中等偏大，果实可食率达92.3%。果实红色时，可食，但风味稍差，紫红色时才能充分体现出该品种的固有特性。果实发育期50d左右，鲁南地区5月中下旬成熟。果实转白期至成熟前遇雨，容易裂果，可搭建避雨设施预防。适宜的授粉品种有萨米脱、先锋、拉宾斯等。

8. *萨米脱*

烟台市农业科学研究院1988年从加拿大引入。

果实长心脏形，果顶尖，脐点小，缝合线一面较平。果实横径、纵径较大，侧径较小，果柄中长，柄长3.6cm。果个大，平均单果重10g，最大18g。果皮红色至深红色，有光泽，果面上分布致密的黄色小细点。果肉粉红色，肥厚多汁，肉质中硬，风味佳，可溶性固形物18.5%；果核椭圆形，中等偏小，离核；果实可食率93.7%。在烟台6月中旬成熟。树势中庸，早果丰产性能好，产量高，初果期以长、中果枝结果，盛果期以花束状果枝结果为主。异花结实，花期较晚，适宜用晚花的品种如先锋、拉宾斯、黑珍珠等作授粉树。生产中与大果型的美早、黑珍珠混栽，效果较好。

9. *布鲁克斯*

美国育成的早熟品种，山东省果树研究所1994年引入。

果实中大，平均单果重9.5g，最大12.9g。果实扁圆形，果顶平，稍凹陷。果柄粗短，柄长3.1cm。果实红色至暗红色，底色淡黄，有光泽，多在果面亮红色时采收。果肉紧实，脆硬，甘甜，果核小，可食率96.1%。果实发育期45d左右，鲁南地区5月中旬成熟，花器发育健全，花瓣大而厚。需冷量低，为680h。

树体长势强，树冠扩大快，树姿较开张。新梢黄红色，枝条粗壮，一年生枝黄灰色，多年生枝黄褐色，叶片披针形，大而厚，深绿色。花冠为蔷薇形，纯白色，果实发育中后期遇雨容易引起裂果。预防裂果，保持土壤湿润是关键，防止土壤忽干忽湿；秋末断根；搭建避雨设施。适期采收，采收过晚时，虽然果个较大，但风味变淡。适于保护地栽培。

10. 佳红

大连市农业科学研究院杂交育成，亲本为宾库×黄玉。

果个大而匀，平均单果重9.7g，最大13g。果实宽心脏形，果皮薄，浅黄色，阳面着浅红色。果肉浅黄色，质脆，肥厚，多汁，风味酸甜适口，核小，黏核，可食率94.5%，可溶性固形物含量19.7%，品质上乘。果实发育期55d左右，5月下旬成熟。

树势强健，生长旺盛，幼树生长较直立，结果后树姿逐渐开张，枝条斜生，一般3年开始结果，初果期中、长果枝结果，逐渐形成花束状果枝，5～6年以后进入高产期。15年生树高达5m，树冠径2.75m，长、中、短、花束状、莲座状结果枝比例分别为39.8%、114%、8.9%、2.1%、42.8%。在红灯、巨红等授粉树配置良好的条件下，自然坐果率可达60%以上。

11. 黑珍珠

烟台市农业科学研究院1999年在生产栽培中发现的萨姆（Sam）优良变异单株。

果实肾形，果顶稍凹陷，果顶脐点大。果实大，平均单果重11g，最大16g。果柄中短，柄长3.05cm。果皮紫黑色、有光泽；果肉、果汁深红色，果肉脆硬，味甜不酸，可溶性固形物含量17.5%，耐贮运。果实在鲜红色至深红色时，口感较好。鲁南地区5月下旬成熟。盛果期树以短果枝和花束状果枝结果为主，伴有腋花芽结果。自花结实率高，极丰产，丰产树注意控制产量，保持较大果个。鲁南地区5月下旬成熟。选用美早、先锋、斯太拉等为授粉品种。

12. 红南阳

从日本引进品种，甜樱桃品种南阳的红色芽变。

果实椭圆形，果顶稍凸，缝合线色淡，明显。果皮黄色，向阳面着红晕，有光泽。果个大，直径为2.3～3.0cm，平均单果重10.63g，果柄中长，约4.05cm。果肉硬而多汁，浅黄色，可溶性固形物含量16.4%，总糖含量10.41%，总酸含量0.79%，糖酸比为13.18，风味浓郁，口感极甜，品质极佳。成熟期一般在6月中下旬。

树姿开张，生长旺盛，萌芽率高，成枝力强。果肉硬，果皮厚，耐贮运，极抗采前降雨引起的裂果和炭疽烂果病。很少有细菌性流胶病发生，叶片没有发现李坏死环斑病毒（PNRSV）、李矮缩病毒（PDV）等。

13. 齐早

山东省果树研究所从萨米脱实生种子优系中选育而出。

果实宽心脏形，平均单果重10g，最大单果重达18.61g，纵径23.46mm、横径26.04mm，果面光亮，深红色，缝合线不明显，畸形果率低。果柄中长，平均长度4.24cm。果肉和汁液红色，可溶性固形物含量15.6%，总酸含量0.49%，属低酸含量品种。果肉柔软多汁，甘甜可口，风味好，品质佳。经多年连续观察，未发生严重的病毒病、细菌性流胶病、斑点落叶病等病害，较耐晚霜危害，易丰产，裂果轻。应选择花期相遇的甜樱桃品种，作为授粉品种其早花期与早红宝石、早甘阳等同期，较抗晚霜危害。

齐早樱桃具有成熟期早，个头大，纯甜不酸，裂果性极低，抗逆性强，丰产性好等突出的优点。果肉相对要软一些。因为齐早樱桃果实在转色期就具有部分糖度，而且无涩味。所以容易产生鸟害，要采取防鸟措施。

14. 鲁樱3号

山东省果树研究所从萨米脱实生种子优系中选育而出。

果实宽心脏形，果顶较平，顶尖稍内陷，脐点较大，果实横径、纵径较大，侧径较小，果个大，一般单果重13～14g，单果最大16g；果皮深红色，完全成熟呈紫红色，有光泽；果肉肥厚多汁，甜度极高，肉质硬，风味上等，可溶性固形物18.3%，果实可食率94.6%，果柄中长，无畸形果，丰产性极强。果皮厚，肉质硬，耐贮，果实发育期52d左右，成熟期在5月下旬。可搭配萨米脱、拉宾斯、美早、布鲁克斯等进行授粉。

15. 黑金

美国选育出的中晚熟品种。

果实心形，果皮暗红色，果肉脆、硬度中等、深紫色；平均单果重10g；果肉质地细腻、汁多、口感甜香浓郁。花期晚，抗霜冻，自花结实，畸形果发生率低，抗裂果；成熟期同萨米脱。

树势中庸健壮，枝条长势缓和，角度易开张，顶端优势不强，连续丰产性强，通过疏花、疏果，黑金大樱桃可以达到大果型樱桃的标准。

16. 火箭

美国培育的优质大樱桃品种。

果实呈宽心脏形，果皮为浓红色，光泽鲜艳，果肉多、果汁多且甜度适中，口感好。单果重一般为10～12g，最大可达18g。可溶性固形物含量为17%～20%，含有丰富的维生素C和胡萝卜素等营养物质。通常在每年的4月底至5月初成熟。

树体生长势强，树冠开张，枝条粗壮，萌芽力和成枝力强。该品种的耐寒性较强，适宜在我国大部分地区的温室和露地栽培。

17. 哥伦比亚

又名北顿（Benton），美国杂交培育品种。

果实阔心脏形，果面深红色，有光泽。果个大小整齐，成熟度一致，平均单果重9.96g；果柄长约3.69cm，粗1.78mm，与果实连接牢固。可溶性固形物含量为16.71%，总糖含量为11.18%，总酸含量为0.78%，糖酸比为14.33，可食率为92.5%，肉质硬脆，肥厚多汁，风味酸甜可口，品质优良，耐贮运。果实成熟期为5月底。

树姿开张，生长旺盛，自花授粉，产量稳定。花期较晚，能够避开晚霜的危害，抗采前裂果。

18. 鲁樱5号

又叫辉煌，山东省果树研究所从萨米脱实生种子优系中选育而出的品种。

果实心脏形，果个大、均匀，畸形果率低，平均单果重13.3g，最大17.5g；果柄中长，长约4.1cm，粗约1.4mm；果皮厚，果皮黄红色，向阳面着红晕，果面光亮，有光泽，缝合线不明显；果肉和汁液黄色，肉硬，耐贮运，肉脆多汁，可溶性固形物含量17.8%，风味浓郁；综合性状优良，市场前景广阔。与多数品种花期相同，如美早、鲁樱3号等。5月下旬果实成熟，可填补同期黄红色硬肉甜樱桃市场的空白。

生长势强，树姿开张，以中长果枝和短果枝腋花芽结果为主，成花易，早实丰产性强。纯甜无酸，果柄中长，果肉硬度高，耐运输，耐贮藏。

19. 睿德（5-5）

中国农业科学院郑州果树研究所选育的甜樱桃早中熟品种。

单果重8～12g，果实深红色，近圆形。硬肉、脆，浓甜，含酸量极低，品质极佳。果实发育期45～50d，在郑州地区5月18日左右成熟。果实外观圆润、大小整齐，没有畸形果，商品率高。

树势中庸，树姿开张，早果和丰产性极好。自花不实，突出优点是果实含酸量极低，六成熟口感就无酸味，早采可食，特别适合国人口感，将会满足生产者、经营者和消费者三方的需求，适于我国中西部暖温带地区推广种植。

20. 雷洁娜（Regina）

德国培育的晚熟品种。

果实心形，个头较大，一般单果重8～10g；果实暗红色，空运、海运皆可，颜色棕红色，果蒂较长；果肉红色、肉硬，有光泽，耐贮运，酸甜可口，风味好，成熟时可溶固形物达20%，货架期优异。6月底成熟，果实成熟期一致，整齐度高。

枝条粗壮，生长直立，自花不结实，早果丰产，抗裂果能力强。

21. 科迪亚（Kordia）

捷克培育的中晚熟品种。

果实宽心脏形，鲜红至紫红色，光泽亮丽，果肉紫红色，平均单果重11g；果柄短，平均2.24cm；果肉细滑，口感脆嫩，果实风味浓，可溶性固形物18%，畸形果少，较抗裂果；6月中旬成熟。

树势较强，极易成花，早果丰产；肉硬抗裂，货架期较长。花期晚，但花较脆弱，易受霜冻影响，需冷量600～700h。

22. 秦林

美国育成的品种。

果实中大或大，负载过多时果实较小；圆形至广心脏形，果柄细，中长；果皮暗红褐色，光亮；果肉硬度大，暗红色；充分成熟风味好，可溶性固形物含量16%，甜度略逊于宾库；较大多数品种抗裂果，双果极少；成熟期较先锋早10～12d。

树势健壮，直立性强，枝条开张，丰产，抗白粉病。自花不结实，花期较先锋早3d，授粉树主要有宾库、拉宾斯、甜心，但不能与美早互授，不亲和。

23. 桑提娜

加拿大杂交培育的早熟品种。烟台市农业科学研究院从加拿大引进。

果实卵圆形或心形，果形端正，果个均匀，单果重7.6～9g，属于早熟樱桃品种中的大型果；果肉淡红，较硬，甜度适中，品质中上，可溶性固形物18.0%；自花结实，抗裂果。果柄中长；果皮紫红色至紫黑色，有光泽。果实发育期50d左右，鲁南地区5月下旬成熟，大致与美早相仿或稍后几天，成熟期集中。

24. 鲁樱8号

山东省果树研究所用美早×萨米脱育成。

果实圆心脏形，果个大，平均单果重11.2g，18～20g的果实也是常见，果柄短；果皮厚，深红色，果品光亮；果肉硬、脆甜，耐贮运，平均可溶性固形物16.6%，总酸含量0.57%，酸甜可口。花粉量大，果实成熟期同于布鲁克斯。甜度高，延迟收获味道更好。抗病能力强，基本无裂果和畸形果实。

25. 弗里斯科（Frisco）

美国培育的樱桃中熟品种。

一般果径28～31mm，平均单果重12g，高者可达18g。色泽诱人，果实淡红色，成熟后果实暗红色，完全成熟后呈现暗黑色。硬度高，果皮较厚，完全成熟后，挂树一周果实也不变软，耐贮性好，口感好，糖度高，完全成熟时甜度可达到22%，采收时的甜度也在18%以上。

树势弱，自花授粉，丰产性好，花期与萨米脱、火箭、布鲁克斯基本相同，需冷量低，其成熟期在5月中旬，成熟期比布鲁克斯晚3～5d，比美早提前7～10d。

第二节　栽培技术

一、园址的选择

要求土壤肥力较高，有机质含量丰富，土壤耕性良好，疏松、透气、保肥、保水能力强，水利条件较好的地方，尤其土层深厚的坡岭地，要求地下水为1.5m以上，中性或酸性土壤，土壤相对含水量60%～80%，土壤有机质含量1.5%以上。同时应选择晚霜不易发生的山坡中部，避免在冷空气易沉积的低洼地建园，同时应选择不易遭风害的背风地段，并加强防风林的建设。

二、合理栽植

（一）栽前准备

1. 土壤深翻与改良

栽前深翻土壤，增施有机肥，活土层达不到深度要求的，要进行全园深翻改造，提倡挖条带栽植，改造前每亩撒施发酵的牛粪4 000kg或发酵的鸡粪2 000kg以上。对于酸性土壤，每亩加施硅钙镁肥或硅钙钾镁肥400～500kg，全园深翻耙细；对于黏重土壤，要增施大量的有机肥（或牛粪）、有机物（稻草、作物秸粉碎）进行改良，以增加土壤透气性。

2. 苗木处理

栽植前，修整苗木根系，2～5倍K84蘸根预防根癌病。刚定植的苗木，早春防治象鼻虫、金龟子啃芽。幼树应预防卷叶虫、梨小食心虫。

（二）合理密度，起垄栽培

1. 合理密植

栽植时要根据地理状况、苗木砧穗组合情况、管理技术等方面合理密度，适当密植，行株距以2m×3m、2m×4m、3m×4m为宜，栽植密度以56～111株/亩为宜。

2. 授粉树的配置

授粉树配置比例一般为主栽品种与授粉品种的比例（4～5）：1，最好实行三三制。授粉树的配置方式以梅花式或间隔式为主，按照（4～5）：1的原则，在周围4～5株主栽品种间配置1株授粉树。

（1）以美早为主栽品种的果园，建议选择桑提娜、黑珍珠、福星、布鲁克斯等为授粉树。

（2）以福晨为主栽品种的果园，建议选择黑珍珠、水晶、桑提娜、拉宾斯等为授粉树。

（3）以萨米脱为主栽品种的果园，可选择艳阳、黑珍珠、佳红、斯帕克里为授粉树。与大果型的美早、黑珍珠混栽，效果表现较好。

（4）以蜜露为主栽品种的果园，建议选择齐早、布鲁克斯为授粉树。

（5）以齐早为主栽品种的果园，建议选择早红宝石、早甘阳、燕子为授粉树。

（6）以鲁樱5号为主栽品种的果园，建议选择美早、鲁樱3号等为授粉树。

（7）以布鲁克斯为主栽品种的果园，建议选择美早、早大果、黑珍珠等为授粉树。

3. 起垄栽植

栽前土壤要进行改良，亩施土杂肥3～6m^3，生物有机肥（发酵鸡粪、发酵羊粪、发酵牛粪等）1 000kg以上，外加硫酸亚铁200kg，旋耕、修筑台面。栽植要求起垄栽植，垄高20～30cm，垄宽80～100cm。春季可在发芽前栽植，秋季可在11月上中旬苗木落叶后栽植。要注意对大树树干培土，促进生根，防止倒伏。土堆的大小随树龄的大小逐渐增大加高，一般大树土堆高30～40cm，土堆雨季前要培实，春培秋扒。定植苗木时，不施肥。垄带覆草或覆膜。

4. 栽后管理

春天刚定植的苗木，每隔10～15d浇水1次，连续3次；覆膜保墒，提高苗木成活率。当萌发的新梢长到30cm左右时，开始追肥，每株施复合肥100～150g。幼树，结合春季灌水，冲施水溶性有机肥（黄腐酸钾）25kg/亩，2～3次。7—8月雨季排水；9—10月秋旱浇水；土壤封冻前浇一次透水，确保樱桃安全越冬。对于采用细长纺锤形整枝的果园，5—6月通过拧、扭等农艺措施，控制基层发育枝，确保中心领导枝又高又壮。

三、肥水管理

（一）施肥技术

1. 合理施肥

以有机肥为主，化肥为辅，实行配方施肥，保持或增加土壤肥力及土壤微生物活性。肥水管理前期主要目的是促进枝叶生长，迅速扩大树冠，增加枝叶量并促使早日成花；夏秋季追施磷、钾肥为主，以促进枝条充实。针对山东果园土壤有机质含量低（大多数1%左右）的现状及大樱桃根系需氧量大的特点，提出基肥以牛粪为主，不仅成本低，而且对改善土壤透气性和提高有机质含量效果好。也可用发酵的商品鸡粪。生物有机肥对土壤根癌杆菌有一定的抑制作用，但使用成本高。氮、磷、钾复混肥、土壤调理剂和中微量元素也应在基肥中使用。注意土壤调理剂不要与化肥直接混合，可分别与有机肥混合后分沟施用。土壤调理剂也可于第二年春天撒施在树盘下划锄一下。

2. 配方施肥

按每生产100kg果实施氮、磷、钾复合肥（15-15-15）8～10kg，硅钙镁或硅钙钾镁肥50～100kg/亩，幼树，放射状沟施；大树，沿行向在树冠投影内挖沟施入。

3. 秋施基肥

一般在采果后落叶前施用，复合肥施用量占全年施肥量的70%，秋施基肥要早，以有机肥为主，施肥量应根据树龄、树势及有机肥料种类和质量而定。适当增加无机肥的用量。如幼树可增加氮肥，而幼果期、盛果期的树要拒绝使用单纯氮肥，以生物有机肥、果树专用肥为主，对盛果期大树可追施复合肥1.5～2.5kg/株，或人粪尿30kg/株。

4. 花果期追肥

肥料种类以磷酸二氢钾、硫酸钾复合肥为主，施用量一般为0.5～1kg/株，可提高坐果率和供给果实发育、梢叶生长所需，对增大果实有明显作用，追肥时间应在谢花后、果核和胚发育期以前进行，过晚往往使果实延迟成熟，品质降低。

5. 叶面追肥

一般选在阴干或晴天的早晨和傍晚进行，常用的叶面肥有0.05%～0.1%的硫酸锌液、0.2%～0.3%的硼砂、500倍液光合微肥或300倍液氨基酸复合肥、0.2%～0.5%磷酸二氢钾等。花蕾期和谢花末期，各喷1次1 000倍液海藻酸类叶面肥，或花后喷2次腐殖酸类含钛等多种微量元素的叶面肥800倍液，提高坐果率。特别是从硬核期开始间隔7～10d喷施300倍液的氨基酸钙，能有效减轻采前裂果问题。

（二）水分调控

大樱桃对水分要求敏感，既不抗旱，也不耐涝，特别是谢花后到果实成熟前是需水临界期，更应保证水分的供应。一般大樱桃一年中要注意花前水、硬核水、采前水、采后水、封冻水的5次水，9—10月干旱期要加一次水。樱桃谢花后，立即浇水，能保持当时树体坐果量的80%左右，浇水每晚一天，坐果率就下降10%～15%。生产中，应根据谢花时树体的坐果情况，选择早浇水或者晚浇水，来调节树体坐果量，达到合理负载。果实膨大期注意控水。提倡应用水肥一体化技术，浇水时，配合施一次液体硅肥（10～15kg/亩），提高果实硬度和糖度。

四、整形修剪

目前应用较多的树形有自由纺锤形、细长纺锤形、改良高纺锤形、超级纺锤形（SSA）、西班牙丛枝形、KGB形以及矮化丛枝形等。

（一）自由纺锤形

1. 树形结构

中干直立粗壮，树高3m左右，干高50～60cm，中干上着生25～30个骨干枝（下部8个左右，中部13个左右，上部6个左右），骨干枝长度1.5m左右，骨干枝粗度在4cm以下，骨干枝角度70°～90°（下部90°，中部80°，上部70°），骨干枝间距9～10cm（下部6cm，中部7cm，上部24cm），亩枝量27 500条左右，长、中、短、叶丛枝比例4∶1∶1∶12（注：第一骨干枝至地上80cm为下部，80～180cm为中部，180cm至顶端为上部）。

2. 整形修剪技术

（1）第一年早春，苗木定植后，留80cm定干，剪口处距顶芽1cm左右，剪口涂抹猪大油或白乳胶，防止顶芽抽干。为促进顶芽快速生长，突出中心领导干优势，定干后将剪口下第2～4芽抹除，留第5芽，抹除第6芽和第7芽，留第8芽。芽萌动时（芽体露绿），对第8芽以下的芽进行隔三差五刻芽，然后涂抹抽枝宝或发枝素，促发长条；对距地面40cm以内的芽不再进行刻芽或其他处理。

（2）第二年早春，中心干延长枝留60cm左右短截，中上部抹芽同第一年，对其中下部芽，在芽萌动时每间隔7～8cm进行刻芽，以促发着生部位较理想的长枝（骨干枝）；基层发育枝留2～4芽极重短截（细枝少留，旺枝多留），促发分枝，增加枝量，减少枝粗。5月下旬至6月上旬，对中央领导干剪口下萌发的个别强旺新梢，除第一新梢外，留15cm左右短截，促发分枝，分散长势。9月下旬至10月上旬，除中心领导新梢外，其余新梢通过扦拉方式拉至水平或微下垂状态。

（3）第三年早春，对中心领导枝继续留60cm左右短截，抹芽、刻芽的时间与方式同第一年。对中心领导干上缺枝的地方，看是否有叶丛短枝，在叶丛短枝上方，于芽萌动时进行刻芽（用手锯刻），促发长枝，培育骨干枝。对个别角度较小的骨干枝，拉枝开张其角度。对于美早、红灯等生长势强旺品种的骨干枝背上芽，在芽萌动时进行芽后刻芽，促其形成叶丛状花枝。萌芽1个月后（烟台，5月上中旬），对骨干枝背上萌发的新梢进行扭梢控制，或留5～7片大叶摘心，促其形成腋花芽；对骨干枝延长头周围的“三叉头”或“五叉头”新梢，选留1个新梢，其余摘心控制或者疏除，使骨干枝单轴延伸。

（4）第四年早春，对树高达不到要求的，对中心领导枝继续短截、抹芽、刻芽，其余枝拉平，促其成花。树高达到要求的，将顶部发育枝拉平或微下垂。

树体成形后，骨干枝背上、两侧萌发的新梢，通过摘心、扭梢、捋枝等方式，培养结果枝组，防止骨干枝上早期结果的叶丛短枝在结果多年后枯死，避免骨干枝后部光秃现象出现，从而防止结果部位外移。生长季节及时疏除树体顶部骨干枝背上萌发的直立新梢，防止上强。

（二）细长纺锤形

1. 树形结构

树高2.8m左右；干高0.7m左右；骨干枝数>30个；骨干枝角度>90°；第一骨干枝最低处高度0.6m左右；骨干枝间距5～7cm；骨干枝长度＜1.5m；骨干枝粗度＜4cm；亩枝量28 000条左右；长、中、短枝比例2∶1∶8。

2. 整形修剪技术

（1）第一年工作要点。培养健壮强旺的中心领导枝。早春苗木栽植后留1.1～1.2m定干，剪口离第一芽距离1cm左右，剪口涂抹猪大油或白乳胶。扣除剪口下第2～4芽，保留第5芽，扣除第6～8芽，保留第9芽。其下每隔7～10cm刻一芽，直至地面上70cm高度为止，70cm以下芽不再处理。当侧生新梢长到40cm左右时，扭梢至下垂状态，控制其伸长生长，促使中心领导梢快速生长。

（2）第二年工作要点。促使中心领导枝萌发更多下垂状态的侧生枝。树体萌芽前，中心领导枝轻剪头，其他侧生枝留1芽极重短截，剪口距芽1cm左右，剪口涂抹猪大油或白乳胶。芽体萌动时，对中心领导枝每隔5～7cm进行刻芽（用小钢锯），每刻4～5芽清理锯口锯末一次，刻后涂抹普洛马林。萌芽1个月后（烟台，5月上旬），对中心领导梢附近的竞争梢留2～5芽短截，控制竞争梢。萌芽2个月后（烟台，6月上旬），当中心领导干上的侧生新梢长至80cm左右时，捋梢或按压新梢，使之呈下垂状态；对中心领导梢自然萌发的二次梢（枝）进行捋枝，使之呈下垂状态。对中心领导干上的侧生新梢捋枝至下垂状态后，新梢前部会自然上翘生长，在萌芽3个月后（烟台，7月上旬），对侧生新梢的上翘生长部分进行拧梢，拧梢过程中听到木质部发出响声时停止；每梢拧2～3次，分段进行，使新梢上翘部分呈下垂状态，控制冠径，保持枝条充实。

（3）第三年工作要点。侧生枝促花芽，中心领导枝继续抽生侧生枝。早春芽萌动时，对中心领导枝每隔5～7cm进行刻芽并涂抹普洛马林，对“刻芽+涂药”后萌发的侧生新梢整形管理同上一年。对中心领导干上缺枝的地方，看是否有叶丛短枝，在叶丛短枝上方进行刻芽（用手锯刻）促发侧生枝。对上一年中心领导干上萌发的侧生枝甩放，促其形成大量的叶丛花枝；对个别角度较小的侧生枝，拉枝开张其角度，使其呈下垂状态。对于美早、红灯等生长势强旺品种的侧生枝背上芽，在芽萌动时进行芽后刻芽，促其形成叶丛花枝。萌芽1个月后（烟台，5月上中旬），对侧生枝背上萌发的新梢进行扭梢控制，或留5～7片大叶摘心，促其形成腋花芽。对侧生枝延长头周围的三叉头或五叉头新梢，摘心控制，使侧生枝单轴延伸。侧生枝弓弯处的背上，有的可萌发新梢，留用，培养未来的更新枝。

（4）第四年工作要点。控树高，控背上，控侧生。早春，在树体上部有分枝处落头开心，保持树高2.8m左右；在规定树高位置无分枝的，可任其生长一年，下一年落头开心。对侧生枝（骨干枝）背上萌发的新梢及延长头上的侧生新梢，根据空间大小，或及早疏除，或及早扭梢，或留5～7片大叶摘心控制，保持骨干枝前部单轴延伸。

树体成形后，生长季节及时疏除树体顶部骨干枝背上萌发的直立新梢，防止上强。

（三）改良高纺锤形

1. 树形结构

采用改良高纺锤形树形整枝时，易于早期丰产，产量高，便于采收，树冠内外光照均匀，但要注意控制产量，预防树势衰弱，果实品质降低。改良高纺锤形树高3～3.5m、冠径2～3.0m、主干高40～60cm，幼树前两年进行连续主枝短截，促生结果枝，主干上着生6～9个短截的主枝，主枝上着生2～4个单轴结果分枝。

2. 整形修剪技术

休眠期修剪在12月中旬至3月初萌芽前进行，可采用开角等措施使结果枝角度开张，同时疏除过密枝，生长季通过摘心等措施抑制新梢旺长，维持单轴延伸的树形，疏除背上枝，促进花芽分化，培养结果枝组。

（四）超级纺锤形（Super slender axe，简称SSA）

1. 树形结构

SSA树形是近年来在意大利、美国等樱桃产区推广的高密度单主干树形，采用矮化砧木或半矮化砧木，采用矮化砧木苗木时株行距0.5m×3m，采用半矮化砧木苗木时株行距1m×3.5m，树高2.5m左右。超级纺锤形是从纺锤形演变而来的，对树体生长控制更为严格，整个生命结果期全部以一年生果枝的基部单生的花芽结果为主，单株产量低，但每亩可定植333株，果实质量更优。

超级纺锤形整形修剪完成时共培养25～28个主枝，主枝间距20～30cm，螺旋上升，允许有对生枝。在主枝结果3～5年后可以更新结果枝组。树高控制在3.5～4.0m，树冠落头时间是在樱桃树的中央领导干开始形成花芽结果时进行；冠幅大小控制在2.0～3.0m，成形后即是超级纺锤形。

该修剪技术采取窄株距宽行距栽植，省工省力，利于机械化操作，同时整形修剪技术易快速掌握；具有易管理、早成形、早结果、丰产性好等特点，克服了樱桃自由纺锤形整形修剪存在的主枝数量少、过粗、过长，在盛果中后期树冠内部空膛现象，果园郁闭严重、光合作用效率低、机械化程度低、优质果率不高等问题。据在铜川调查，优质果率达到80%～90%，每亩产量1 200～1 600kg。

2. 整形修剪技术

（1）定植第一年，不定干或在1.2m高处定干。秋季或春季栽植后开始抹芽，留顶芽，顶芽下抹3～5个芽，其下面留5个芽不抹，再抹3～5个芽，下面留5个芽，由上向下依此类推操作，直到距地面50～60cm。第一年不建议刻芽，以防苗木抽干，影响成活率。生长季对发出的枝进行拉枝，角度90°～110°。

（2）第二年，春季开始抹芽前，留顶芽，顶芽下抹3～5个芽，下面留5个芽；再抹3～5个芽，下面留5个芽，依此类推，直到距地面50～60cm；对所留的芽采用眉眼刻芽方式刻芽。在春季对一年生主枝采用双芽剪技术修剪，即选一个背上饱满的芽，在其芽眼前面1～2cm处进行短截修剪，以控制剪口下第2个芽可以自然生长成水平枝，主枝剪留长度60～70cm，有利于主枝靠近主干结果。生长季对发出的枝进行拉枝，角度90°～110°，新梢生长期连续摘心。

（3）定植第三年和第四年，在春季萌芽前樱桃芽露绿时，对中央领导干继续抹芽和刻芽。对主枝延长头留60～70cm，采用双芽剪技术和留桩修剪技术修剪，即对前一年背上饱满芽发出的背上直立枝，留10～15cm桩进行短截修剪，所留的10～15cm桩，既可以控制前一年剪口下第2个芽长出的水平枝的生长，又可以立体结果。对樱桃盛果期树多年生枝以长放修剪为主。

（五）西班牙丛枝形

西班牙果树栽培者发明的一种简洁、树势稳定、方便采收的树形。采用乔化砧木建园时株行距（4～4.5）m×（2～2.5）m，采用半矮化砧木时株行距（1.5～2）m×（3.5～4）m，树高2.5m、冠幅3～4m，主枝为永久性枝，以主枝上的侧枝结果为主，连年对侧枝进行更新。采用丛枝形整枝，树架牢固，树体矮，便于采摘，果实品质好。该树形最大的特点是以长结果枝组结果为主，花芽多为腋花芽。主干高20～30cm、树高3～3.5m、冠径3～3.5m。主枝5～9个，每个主枝直接着生2～3个结果枝组，各主枝基角开张至60°～70°，15～20个结果枝组单轴延伸，成丛枝形生长。幼树期冬季修剪主要是对结果枝组侧枝及延长头进行疏除，确保单轴延伸，防止内膛花芽抽干。夏季采果后对强旺枝进行短截，培养结果枝组。

（六）KGB形

1. 树形结构及要求

KGB树形是由澳大利亚的Kym Green创立的树形，从西班牙丛枝形演化而来，其特点是成形快，用工少，不用拉枝，修剪方法简单。KGB树形没有侧枝，利用直立主枝结果，逐年更新。经过3年的管理，整形基本完成后，树体高度2.5m左右，树体若没有达到2.5m高，继续短截掉每个主枝当年所发一年生枝的1/4，促进生长。对于所有能够触及到的侧枝，基部留7cm左右的短桩疏除，短桩基部的腋花芽可以在来年结果（不具有花束状短枝结果能力的品种，如雷吉娜等，可以利用这种方式坐果）。结果后，这个短桩会枯死，届时从底部疏除。

2. 整形修剪技术

（1）定植及第一年管理。选择优质壮苗建园，如果苗木采用乔化砧木，定植株行距为3m×（5～5.5）m，如果采用半矮化砧木，则株行距为（2～2.5）m×（4～5）m。不建议采用矮化砧木建园。苗木定植后，在距离地面30cm处定干，保证剪口下有3～4个轮生的壮芽。第一年的管理目标是促使植株发育出强壮的根系，提供充足的养分，保证发出的每个新梢的长度至少达到60cm。

采用大苗建园或者苗木定植当年生长量较大时，6月新梢即可长达60cm以上。6月中旬前，对长度达到60cm的新梢，于基部留10cm短截，当年冬季就能形成8～12个长势均匀的直立主枝。冬季修剪时，疏除过旺或者过弱的主枝，以调整枝势一致。对剩余的所有直立主枝留5～15cm短截，短截程度依各主枝的长势进行，旺枝重短截，弱枝可相对轻些。观看修剪完的各主枝短桩，处于中间直立、强壮的较短，周围长势稍弱的较长，整体顶部剪口基本呈一个平面。在美国、欧洲等地冬季多雨，流胶病发生比较严重的地区，上述修剪一般放在生长季结束之前，气候比较干燥的时候如夏季末期或者早秋进行。

（2）第二年管理。在夏至之前，将所有当年萌发的新梢，留5～15cm继续短截。短截的做法与第一年冬剪相同，即疏除过旺或者过弱的新梢，长势强旺的新梢短截的程度重于长势较弱的新梢，顶部剪口高度基本水平，生长季一定保证树体营养充足，以便使长势一致，继续整形。冬季修剪，对于采用乔化砧木的树体同第一年，对一年生枝留5～15cm短截，这对于平衡乔化树体结构、去除过旺枝条非常重要。对于采用半矮化砧木的树体，如果此时已经有了足够的主枝数量，可以不予修剪。

（3）第三年及以后管理。采用半矮化砧木的树体，主枝基部的花芽在第三年已经开始有少量产量。第四年随着树体形成的花束状短枝的增多，基本已经达到第一次经济产量。这个时期生长季的管理目标就是调整光照，维持树势。如果主枝基部的叶片出现黄化现象，说明树体通风透光不够良好，需要将内膛的主枝疏除2～4个，打开光路。如果主枝长势较弱，每年的生长量小于60cm，则需要疏除多余的主枝，保证每个主枝的年生长量在60～90cm。

第三年冬剪时，对嫁接在半矮化砧木上且丰产性较好的品种和嫁接在乔化砧木上的高产品种的主枝，必须进行短截。一般是剪掉当年新梢生长量的1/4，以保持叶果比平衡，以便生产高品质的果实。

（4）更新管理。一是维持壮枝结果，果个较大、品质好；二是减少果树负载量，保持树势中庸，这点对较丰产的品种或采用半矮化砧木的树尤其重要。

更新修剪于休眠季进行。每次更新的主枝数量乔化树体为4～5个，半矮化树体3～4个，占总枝量的20%，每5年便可轮流更新1遍。选择最旺的和不能折弯采摘的主枝进行更新。把要更新的主枝只保留25cm左右的短桩（3～4个芽）进行重回缩。短桩上萌发的新梢会形成新的结果主枝。若更新后从短桩上发出多个新梢，则保留1～2个最旺的作为更新枝，尽早疏除其他多余的或较弱的新梢，以保证更新枝的长势，使其保持直立，尽快发育成新的结果主枝。对基部连接在一起的多头主枝更新时一定要留短桩短截，每个短桩上发出的新梢仍保留一个做新主枝，则各新主枝长势相同。若不全部短截，则从短桩上发出的新主枝长势变弱，导致更新失败。

（七）矮化丛枝形

1. 树形结构及要求

山东省果树研究所在西班牙丛枝形和KGB树形的基础上改良而来，结合山东地区气候和环境条件，采用矮化砧木、起垄栽培技术，通过多个直立分枝分散树势、降低树高，具有省工、省力、技术简单、丰产优质的优点，可实现3年成形，4年丰产。

2. 整形修剪技术

（1）建园及第一年修剪要求春季选择优质壮苗建园，矮化砧木苗木40cm高以下具有饱满芽，忌用徒长苗，砧木可选吉塞拉5号、吉塞拉6号、Y1。强旺品种如红灯、美早等应选择吉塞拉5号，弱势品种如桑提娜、红蜜等应选择Y1砧木，其他品种选择吉塞拉6号即可。起垄栽培，垄宽0.8～1.2m、高20～30cm，设施栽植株行距2m×3.5m，露地行距4～4.5m。栽植后定干40cm，定干剪口抹封口胶，防止抽干顶部芽和夏季流胶。抹除距地面20cm以下的芽，保留20cm以上的芽，第一年剪口下的芽可抽生3～6个新枝。6月雨季来临前新枝长度达60cm以上的留10cm短截，促生新枝，同时抹除背上芽；如不能达到60cm不进行夏剪。

（2）第二年管理主要任务是开张角度，促生新枝，加强肥水，强壮树体。第二年春季要在萌芽前进行整形修剪。如第一年进行了夏剪，此时会形成8～12个新枝，对所有新枝进行短截处理，旺枝留10cm、弱枝留20cm，同时抹除背上芽。如第一年没有进行夏剪，此时有3～6个分枝，根据枝条生长强弱情况进行短截处理，旺枝留10cm、弱枝留15cm，抹除背上芽，待新枝长40～50cm时进行夏剪，促生新枝。

（3）第三年管理，此时树体有15～25个新枝，新枝长度60～150cm。第三年春季萌芽前整形修剪，对过旺枝（直立生长、长度大于100cm、基部粗度大于2cm的枝）留10～15cm短截，促生新枝；对细弱枝（平行或下垂生长、长度小于60cm、粗度小于1cm的枝）留40cm左右轻短截，保留背上芽；对中庸枝（角度开张、长度60～100cm、粗度大于1cm的枝）进行轻截处理，只对新枝顶端剪除弱芽，保持新枝单轴延伸，促进花芽形成。直立生长的枝条此时可进行撑拉处理，开张角度，使树冠扩大。

（4）第四年及以后管理，此时树体应有15～25个分枝，树冠直径3～3.5m，树高不超过2.5m，花芽较多（结果枝10个以上），单株产量10～20kg。第四年的树体管理，以强壮树体、增强营养为主。以采果后夏剪为主，短截旺长枝，疏除过于细弱的枝条，确保树体通风透光，防止内膛光秃。第四年以后每年对树体进行更新，疏除细弱枝，对旺长枝进行短截，促生新枝，使树体合理负载，增强果实品质。

五、花果管理

（一）落花落果原因

在授粉不良、花期温湿度异常、营养不足或过多时往往出现一树花半树果现象。有研究认为，高温会导致花而不实和畸形果问题。

1. 不耐花期高温

部分引进甜樱桃品种不耐花期高温导致花而不实、产量低。如科迪亚（Kordia），果实乌黑发亮，口感脆嫩，果肉细滑，甜蜜多汁，以其良好的品相和一流的口感，被誉为“车厘子世界的No.1”“车厘子中的顶级钻石”等。但在郑州地区因不耐花期高温，长期以来产量一直很低，在山东烟台、甘肃天水等一些冷凉地区的结果表现较好。

2. 花芽分化不良

国内多数产区夏季多高温，容易诱发甜樱桃花芽在分化期间形成双子房，导致第二年甜樱桃畸形果比例较高，一些早熟品种畸形果问题更加突出，严重影响果实的商品性和经济价值。

第一次：花后1～2周落花，主要原因是雌蕊败育及部分花朵未受精及不良天气（冻害、低温阴雨、大雾、大风）造成雌蕊生殖机能衰退或影响授粉受精过程。

第二次：花后2～4周落花落果（带有花托和萼片的小幼果或未受精的膨大子房），脱落时间因品种而异，因受精不良或胚乳发育受阻所致。

第三次：硬核期，如佐藤锦在花后24～30d。设施栽培发生在果实硬核第一期末（未硬核）和第二期（已硬核）之间。脱落后花托和果梗残留在枝上。落果的原因主要是供应果实生长与同化的养分不足，导致受精胚中止发育。凡竞争力弱的果实，内部种子先端种皮开始褐变，而后果实萎黄脱落。结果多、叶果比小和新梢旺长的树，养分竞争激烈，落果严重。

第四次：采前落果，主要因果柄与果实之间产生离层有关。

（二）促进坐果

1. 增加树体贮藏营养

主要是增加树体氮素营养和光合作用产物，为第二年的萌芽、开花、坐果、抽新梢提供充足的营养。果实采收后，喷4～5次杀菌剂，预防叶斑病，防止提早落叶。采后叶面喷施氨基酸300倍液2次，间隔10d；发芽前喷100倍液1次。

2. 花期喷硼

可以喷一次0.3%～0.5%硼砂溶液，或者喷施0.3%尿素+0.3%硼砂+0.3%磷酸二氢钾，起到保花保果的效果。大樱桃谢花70%～80%的时候，建议喷施叶面肥。开花初期要及时灌水，确保墒情。

3. 果园放蜂

开花前3d投放1～3箱/亩中华蜜蜂，或在花前1周左右投放100～500头/亩角额壁蜂，坐果率提高30%～50%，果品质量、产量明显提高。

4. 人工授粉

大樱桃花量大，人工点授的方法困难，也不太切合实际。生产上采用两种授粉器，一种是球式授粉器，即在一根木棍上的顶端，缠绑一个直径5～6cm的泡沫塑料球或洁净纱布球，用其在授粉树上及被授粉树的花序之间，轻轻接触花，达到既采粉又授粉的目的。另一种是棍式授粉器，既选用一根长1.2～1.5m，粗约3cm的木棍，在一端缠上50cm长的泡沫塑料，泡沫塑料外面包一层洁净的纱布，用其在不同品种的花朵上滚动，也可达到既采粉又授粉的目的。大面积授粉时，也可将采集的花粉与填充物混合或配制成悬浮液，进行机械喷粉或者采用液体授粉（按重量0.005%～0.02%的硼酸+0.005%～0.01%的螯合钙+0.01%～0.02%的羧甲基纤维素钠+0.2%～0.4%的花粉或者按水15kg、花粉2～5g、硼10g、白糖50g配比）的方法。

（三）产量调控技术

1. 以水调果量

优质果品生产应控制产量在1 000～1 500kg/亩。花后浇水早晚，影响树体坐果。试验证明，谢花后第一天浇水，可保住谢花时树体原果量的80%左右，浇水每延迟1d，坐果量下降10%～15%。因此，生产中应根据目标产量，选择花后浇水时间来调整树体坐果量。

2. 疏花芽

与苹果、梨的混合花芽情况不同，甜樱桃的花芽为纯花芽。所以沿用苹果、梨的疏花疏果方法会增加很多的工作量。加之甜樱桃果实发育期很短，以疏果为主的方法也会浪费很多养分，不利于生产大果和花芽分化，所以甜樱桃的产量、质量控制应以疏花芽为主、疏果为辅。疏花芽应针对树势较弱的盛果期结果大树、以大量花束状果枝为主要结果部位的树体，在春季花芽萌动至花朵显现时进行。操作时需注意区分出花束状果枝上的花芽与叶芽，避免将叶芽当成花芽疏除。此外还需了解花芽冻害现象，解剖部分花芽，掌握每个花芽内正常的花朵数量。留花芽量则根据每个花芽内正常的花朵数量和以往花朵的坐果率情况来确定。一般每个花束状果枝留

2～3个正常的花芽。

3. 疏花疏果

疏花在大樱桃开花前或开花期进行，疏除花束状果枝上的瘦小边花和萌动较晚的花蕾，留饱满的中间花，每个花束状果枝只留7～8朵花。

疏果在落花后2～3周，要进行疏果，疏去小果和畸形果以及光线不易照到、着色不良的内膛果和下垂果，保留横向及向上的大果。

4. 追肥

果实第一次膨果发育程度，决定了采收时的果实大小，因此在第一次膨果期，建议结合灌溉冲施高钾水溶肥，叶面喷施磷酸二氢钾+氨基酸钙叶面肥+芸苔素内酯，促进膨果。对裂果严重的品种，还需要及时喷施叶面钙肥。同时，要继续采用摘心的方法，控制好新梢的旺长，减少新梢与果实竞争营养，为甜樱桃的丰产丰收奠定基础。

5. 摘心、扭梢

花后一周左右，要进行摘心，摘去新梢幼嫩先端，保留10cm左右，可以大大减少新梢旺长对营养的争夺，有利于幼果的发育。为保持树势中庸，树姿开张可通过捋枝、拧枝、拉枝等方式，培养芽眼饱满、枝条充实、缓势生长的发育枝，为第二年这些发育枝萌发优质叶丛花枝打好基础。

6. 喷叶面肥

谢花后喷800倍液腐殖酸类含钛等多种微量元素的叶面肥，每7d喷1次，连喷3次。不仅能提高果实可溶性固形物含量，促进果色鲜艳、亮泽，而且提高坐果率。

（四）铺反光膜

在果实上色期，在树的两边各铺设一条反光膜，促进果实上色，尤其对黄色品种。雷尼大樱桃铺设反光膜后，果面大部分上红色，果实甜度增加。

（五）预防晚霜危害

早春气温不稳定易发生倒春寒，会冻伤、冻坏萌发的花芽或幼果，直接影响当年产量。因此，应及时采取综合措施，预防和减轻倒春寒的危害。

一是加强果园全年综合管理水平，增加树体贮藏营养，提高树体抗逆性。

二是灌水保墒。甜樱桃萌芽后应随时注意天气变化，降温前及时灌水，改善土壤墒情，减小地面温度变化幅度，防御早春冻害。

三是喷施有防冻效果的药剂，如天达2116、碧护等。

四是树上喷水弥雾或园内熏烟。大樱桃是喜温、不耐寒的果树，露地栽培要求年平均气温7～14℃。高于15℃时开花多、坐果少。花期遇低温、阴雨会造成授粉受精不良而减产。大樱桃花蕾期发生冻害的临界温度为1～2℃，−3℃以下超过4h全部花蕾均会受冻。果园熏烟是防止春季霜冻的有效措施，该方法的关键是使烟雾笼罩在果园上方。果园水池备好水，园内备好麦糠、植物秸秆等材料，在霜冻来临时，全园弥雾或熏烟，减轻晚霜危害。

五是有条件的果园可架设简易防霜冻设施，如建立防寒大棚或安装大风扇等。

（六）裂果的发生与防治

1. 园址选择

选择合适的地址建园是减少雨后裂果的最经济有效的办法。除基本的栽培气候条件外，在成熟期或者接近成熟期的时候没有降雨或者很少降雨的地区，才是最适合大樱桃栽培的地方。

2. 选择抗性品种或砧木

品种或砧木也影响裂果。与果实表面迅速直接吸水相比，砧木通过根系的吸水对裂果的影响要慢，作用要小。

3. 物理方法

物理方法防治裂果是指通过物理措施防止树冠、果实、根系等直接接触雨水。例如搭建避雨棚，适时适量灌水，及时排水，覆草，维持稳定适宜的土壤水分状况，也是降低裂果的有效措施。

4. 喷矿质元素或生长调节剂

补充外源钙是减轻大樱桃裂果最简单的方法，目前国内外多采用此法来防止裂果。在采收前喷施氯化钙能降低大樱桃品种勃兰特的裂果率。在降雨前8～14h，单独喷施0.5%的氯化钙水溶液或者是0.5%氯化钙加5%蔗糖混合液，可以把裂果率从22%降到9.7%。

六、适期采收

果实成熟前1周是樱桃膨大果个、增加甜度的一个最明显的时期，过早、过晚采收都会影响果个和品质。

第三节　病虫害防治技术

以农业防治为基础，加大太阳能杀虫灯、粘虫板等物理防治措施的应用力度，选用生物农药防控甜樱桃病虫害的发生，确保甜樱桃果实的安全水平。果实成熟前全园上方架设防鸟网，避免或减轻鸟害。根据品种成熟期或市场需求，适时采摘，保证甜樱桃的口感和质量。

一、综合防治各种病虫害

初秋在樱桃树干、主枝上绑草把，诱集梨小食心虫越冬幼虫、梨网蝽越冬成虫及梨蝽象产卵，秋末解除草把烧毁；11月上旬用涂白剂（石灰12份、盐1份、石硫合剂2份、水40份）进行树干涂白，杀死在树干裂皮中越冬虫害，防止树干冻害。初冬及时清扫果园，将枯枝、病枝、落叶、落果集中烧毁，并铲除果园周围的杂草，集中埋入地下，可消灭多种越冬虫源。春季发芽前喷5°Bé石硫合剂，铲除越冬病菌孢子并可兼治介壳虫，防治干腐病和腐烂病；3月上旬结合施肥浅刨树盘10～15cm，可杀死大灰象甲和舟形毛虫的休眠体；早春地面喷布50%辛硫磷乳油800倍液，防治出土大灰象甲。根癌病较重的树，可扒开根际土壤，用30倍K84灌根，用量可根据树龄大小灌1～3kg。

发芽前全园喷布5°Bé石硫合剂。出芽展叶、花序分离期喷药，防治叶螨、梨小食心虫、金龟子、绿盲蝽、卷叶虫等。落花后3～5d喷药，防治梨小食心虫、金龟子、绿盲蝽、卷叶虫等。树干春季涂白，防治流胶病与红颈天牛。

春季是病虫害的高发期，随着气温的回升，病虫也开始活动增强，应抓住早春最佳防治时期及时、及早进行防治。

一是3月上中旬（甜樱桃发芽前），为铲除枝干上越冬的病菌、介壳虫、红蜘蛛、白蜘蛛等病虫害，在芽萌动期均匀喷干枝，可选用5°Bé石硫合剂，或者72%福美锌可湿性粉剂150～200倍液+48%毒死蜱乳油800倍液+有机硅渗透剂3 000倍液，或者72%福美锌可湿性粉剂150～200倍液+48%毒死蜱乳油800倍液+95%机油乳剂50～60倍液。

二是4月初（出芽展叶、花序分离期），为提高坐果率和防治叶螨、梨小食心虫、金龟子、绿盲蝽、卷叶虫等，可喷1%的甲维盐水剂1 500倍液+硼砂500倍液。

三是4月20日前后（谢花后3～5d），为防治梨小食心虫、金龟子、绿盲蝽、卷叶虫等，可喷25%吡唑醚菌酯乳油500倍液+1.8%阿维菌素乳油3 000倍液。

四是为防治流胶病和红颈天牛，建议甜樱桃树干春季涂白。

二、加强对果蝇的综合防控

果蝇一年发生10代左右，以蛹在土壤内1～3cm处、烂果上或果壳内越冬。第二年3月左右，气温在15℃左右、地温在5℃左右偶有成虫活动。5月中旬气温稳定在20℃左右、地温在15℃左右时成虫量增大，5月下旬开始成虫在樱桃果实上产卵，6月上中旬樱桃大量成熟期为产卵盛期和为害盛期。幼虫孵化后在果实内蛀食5～6d，老龄后脱果落地化蛹，蛹羽化为成虫后继续产卵繁殖下一代，有世代重叠现象。樱桃采收后，果蝇便转向相继成熟的油桃、桃、葡萄等果实或烂果实上进行为害。9月下旬，随气温下降成虫数量显著减少，10月下旬至11月初果蝇成虫在田间消失，以蛹在越冬场所越冬。成虫飞翔距离较短，多在背阴和弱光处活动，多数时间栖息于杂草丛生的潮湿地里，一般在春季低温多雨年份或管理粗放的园片发生较重。

1. 农业防治

加强果园管理，科学修剪，施用有机肥，促进果实健壮生长。在越冬成虫羽化前和果实膨大前、果实转色期进行深翻土、清洁果园、铲除杂草及垃圾。适期采收，减少果蝇为害。成熟期及采收后及时清除果园中的落果、烂果，集中深埋处理，压低虫口基数。立冬后进行全园浅翻，恶化果蝇越冬场所。

2. 物理防治

在大樱桃幼果初期（4月中下旬），在樱桃园内悬挂自制糖醋液诱杀成虫。糖醋液配方是糖：食醋：酒：水＝1：1：4：15，糖为红蔗糖。采用饮用纯净水瓶，在靠近瓶盖周围用锥子均匀扎30～40个孔，细铁丝缠绕瓶口用于悬挂。每个瓶内装瓶总容量的1/2，每亩地悬挂15个，悬挂高度为1～1.5m，均匀分布在果园内。每周更换一次糖醋液，虫量大或雨水多时应补充糖醋液。

3. 化学防治

防治时间在4月上旬至7月上旬，分别在萌芽期和开花期、果实膨大期、结果期结束后进行防治。防治药剂多为高效氯氟氰噻虫嗪、吡丙醚·噻虫嗪、短稳杆菌、多杀霉素等高效低度低残留农药。主要采用喷雾法，用于成虫的防治。

第一遍花后防治（4月中下旬）：花后1～2次。选用30%高效氯氟氰噻虫嗪2 500倍液，或5%氯氟氰菊酯2 000倍液，或20%甲维盐虫酰肼2 500倍液，均匀喷施果树并兼顾喷施果园地面及果园四周杂草。

第二遍果实膨大着色期防治（5月上旬开始至5月中旬）：果实采收前7d施药1次。30%吡丙醚·噻虫嗪悬浮剂2 000倍液，全园均匀喷雾防治。

第三遍果实成熟期防治（5月下旬开始至6月上旬）：选用35%100亿/mL短稳杆菌600～800倍液，全园均匀喷雾防治，特别要注意农药安全间隔期。这一遍用药可参考前两遍农药的防控效果和气候条件进行科学合理安排，如果前两遍防效好，虫口基数得以有效控制，雨水少、裂口不严重、果蝇为害轻，此遍药剂防治可局部喷施或不喷施。

第四遍结果期结束后防治（6月中旬开始至7月上旬）：选用菊酯类、有机磷类和新烟碱类药剂，全园均匀喷雾防治。

第十一章　葡萄高产高效栽培技术

第一节　品种和砧木选择

一、品种选择

1. 黑色甜菜

日本育成品种。

果粒短椭圆形，紫黑色，一般粒重14～18g，最大31g，平均穗重500g，最大1 200g。着色好，果皮厚，果粉多，易去皮，去皮后果肉、果芯留下红色素多，肉质脆甜，肉质较硬，多汁美味，含糖量16%～17%，品质比藤稔、先锋优。抗病，丰产，7月中旬完熟，是优良的大粒早熟葡萄品种。

注意该品种自根苗生长弱，为增强树势，延长寿命，建议用5BB、SO4等国外抗性砧木的嫁接苗。

2. 红巴拉多

日本育成品种。

果穗大，平均穗重800g，最大穗重2 000g，果粒大，长椭圆形，着生中等密，平均粒重9g，最大粒重12g。紫红色，皮薄，可以连皮一起食用，肉质脆甜，含糖量17%，品质极上。7月中下旬成熟。

该品种早果性强、丰产、抗病，是目前非常有前途的早熟、鲜红色、大粒品种。

3. 黑巴拉多

日本育成品种。

果穗重500～800g，果粒椭圆形，粒重8g，最大达11g。果皮薄，果肉硬脆，香甜，含糖量19%～21%，品种极优。抗病、丰产、特耐贮运，挂果时间长，完熟紫黑色，可无核处理，7月上中旬成熟，该品种不须人工整穗、疏粒，适合棚栽。

4. 早生内玛斯

日本育成品种。

果粒椭圆形，平均粒重10g，最大达12g。完熟金黄色，果肉脆甜，具有浓玫瑰香味，含糖量20%，最高达25%，品质佳。耐贮运，挂果时间长，丰产，7月中下旬成熟，是目前早熟品种中含糖量最高的品种。

5. 夏至红

中国农业科学院郑州果树研究所育成。

果穗大，圆锥形，平均穗重750g，最大穗重1 300g，果粒椭圆形，着生紧密，平均粒重9g，最大粒重15g；果梗拉力强，不脱粒；完熟为紫红色至紫黑色，果肉脆，汁液中多，风味清甜，略有玫瑰香味，可溶性固形物含量16%～17.4%，品质优。7月上旬成熟，适合保护地栽培，多雨地区露地栽培有裂果现象。

6. 夏黑

日本育成品种。

果穗圆锥形或圆柱形，穗重450～500g，果粒椭圆形，自然粒重3～3.5g，经处理后可达到7～8g；果粒着色浓厚，紫黑色，果粉浓，果实容易着色且上色一致，成熟一致；皮厚肉质硬脆，可溶性固形物达20%～22%，浓甜爽口，有浓郁草莓香味，品质优。7月中旬成熟，是目前优良的大粒、早熟、优质、抗病的无核品种。

7. 阳光玫瑰

日本育成品种。

一般粒重12～14g，绿黄色，坐果好。成熟期与巨峰相近，易栽培。肉质硬脆，有玫瑰香味，可溶性固形物20%左右，鲜食品质优良。不裂果，盛花期和盛花后用25μL/L赤霉素处理可以使果粒无核化并使果粒增重1g；耐贮运，无脱粒现象。抗病，可短梢修剪。

8. 玫瑰香

英国育成品种。

中晚熟品种，从萌芽到成熟需要150d，果穗中等大，圆锥形。穗重350～400g。果粒着生疏松至中等紧密。果粒椭圆形或卵圆形，中等大，粒重4～5g。果皮中等厚，紫红色或黑紫色，果肉较软，多汁，有浓郁的玫瑰香味，含糖量一般在15%～20%。

植株生长中等，丰产性好。肥水管理不好的情况下，易产生落花落果和大小粒现象，穗松散，高负荷情况下易患“水罐子”病。抗病中等，适宜棚架、篱架栽培，采用中、短梢修剪。玫瑰香因其浓郁细腻的香味受到人们的广泛喜爱，以其为亲本育成的一系列品种也得到了一定的推广，包括泽香、早玫瑰、巨玫瑰、红双味、贵妃玫瑰等。

9. 贵园

中国农业科学院郑州果树研究所从巨峰杂种苗中选育，2013年通过审定。

果穗圆锥形，带副穗，中等大或大。果穗大小整齐，果粒着生中等紧密。果粒椭圆形，紫黑色，大，纵径2.3cm，横径2.2cm。平均粒重9.2g。果粉厚。果皮较厚，韧，有涩味。果肉软，有肉囊，汁多，绿黄色，味酸甜，有草莓香味。种子与果肉易分离，可溶性固形物含量为16%以上。果实7月中下旬成熟。

10. 巨玫瑰

大连市农业科学院育成品种。

果穗圆锥形，平均重514g，最大可达800g。果粒椭圆形，平均粒重9g，最大粒重15g。果粒整齐，果粉中等，果皮中厚，软肉多汁，酸甜适口，具有纯正浓郁的玫瑰香味，含糖21%，品质极上，完熟为深紫色，8月中旬成熟。栽培时应控制产量，以生产高档果为主，可无核化栽培，增加效益。

11. 金手指

欧美种。果穗大，长圆锥形，松紧适度，平均穗重450g；果粒长椭圆形，略弯曲，亮黄透明，极美观，平均粒重8g，经疏花疏果后平均粒重可达10g，最大粒重15g；果皮中等厚，可剥离，韧性强，不裂果，果肉较硬，甘甜爽口，有浓郁的冰糖味和牛奶味，最高含糖量26.1%，甜味浓，品质上等，8月中旬成熟。

该品种抗病性强，耐贮运；生长势旺，适应性强，全国各葡萄产区均可栽培，应合理控产，适合在农业综合观光园与高档果品园中栽培，具有较高的经济效益和观赏价值。

12. 高妻

欧美种。果穗圆锥形，平均重600g，最大重1 000g，果粒近圆形，平均粒重12g，最大20g。肉质较脆，含糖量16.7%，品质上等，完熟为紫黑色，耐贮运。经无核栽培经济效益更高；8月下旬至9月上旬成熟。因自根苗生长弱，应栽5BB、SO4嫁接苗。

13. 红乳

欧亚种。果穗圆锥形，平均穗重750g，最大1 000g，果粒短圆柱形略带弯曲；平均粒重10g，着生紧密，耐拉力强，肉质较脆，含可溶性固形物17%，完熟红色至紫红色。9月中下旬成熟，结果两年后着色变差。

14. 金田美指

欧亚种。果穗呈圆锥形，无歧肩、无副穗。平均穗重500g，果穗紧密。果粒长椭圆形，果皮鲜红色，果粒着色整齐，单粒重8.9g，最大15g，果粉、果皮中等厚，无涩味，果肉脆，多汁，口感酸甜，可溶性固形物含量19%，果梗极短，抗拉力强，耐贮运，9月上旬成熟。

15. 摩尔多瓦

欧美种。果穗圆锥形，平均重650g，最大1 000g，果粒近圆形，果顶尖，平均重10g，最大18g。完熟为蓝黑色，味酸甜，含可溶性固形物16%以上，品质佳，10月上中旬成熟。该品种属极晚熟品种，完熟后采收品质更好。树势旺，果实抗病性极强，极丰产。适宜高温地区、观光园走廊栽培。

16. 妮娜女皇

日本培育品种，又名妮娜皇后，四倍体欧美杂交种。

自然生长条件下果穗呈圆锥形，平均穗重520g，平均单果重13g。经赤霉素和氯吡苯脲处理后，平均穗重680g，穗形整齐美观，平均单果重17g，果粒紧凑，长椭圆形，果皮厚且脆，着色较难，粉红色到鲜红色均有。8月中下旬可采摘，采摘期长达2个月，耐贮藏。可溶性固形物含量平均18%，最高可达21%，味道甘甜可口，兼具草莓和牛奶的香味，品质极佳。作为有色品种，容易产生着色障碍。

17. 黑皇

天然无籽三倍体品种，具有玫瑰香味，糖度非常高，香味浓。果肉厚实多汁，完全成熟时含糖量可达23%～25%，最高到32%，易剥皮，口感很好。而且坐果率高，丰产稳产，不用疏粒，省人工。花芽分化非常好，容易种植，结果系数达98%以上，每果枝均能挂2～4穗果，穗重600～800g，且能正常着色，颜色红中透紫，果皮较薄，很容易剥落，表面还覆盖有白色的粉末，有香味，因该品种是三倍体无核品种，必须经过激素处理，才能形成商品果，处理简单，花后10～14d用100mg/L赤霉素处理一次即可，粒重可达12～15g，最大优点省工省力，坐果均匀，无大小粒，特别抗病。成熟期在8月中旬。

18. 浪漫红颜

美国推出的无核葡萄品种。果穗为中等大小，呈圆锥形，果穗重量在750g左右，最大的果穗达1 600g。每个果粒生长的比较整齐且紧凑，为长椭圆形，鲜红色，果霜也很鲜艳，单个果粒重量在8g以上，里面的果肉为红黄色，肉质为硬脆状。这个品种的葡萄不但可以鲜食，也可以切片还能制作成果干，口感浓甜，果皮和果肉不容易分离，可直接连同果皮食用。

19. 玉波二号

山东省江北葡萄研究所选育，由紫地球和达米娜杂交育成。

果穗呈分枝形，平均穗重820g，最大穗重1 789g；果粒圆形，着生松散均匀，无小粒，平均粒重14.3g，最大粒重15.9g，大小整齐，成熟一致；果粉厚，成熟后为金黄色，着色均匀；果皮无涩味，果肉脆，可切薄片，有汁液，具有玫瑰香味，不裂果，无果锈，可溶性固形物含量20.0%。8月中旬果皮开始变黄，成熟采收，较紫地球早熟10d。从萌芽到果实成熟110d左右。成熟后，可延迟到10月下旬采收，风味、品质更优。

20. 克瑞森（克伦生）

美国加州继红提葡萄之后推出的又一无核葡萄品种。

果实亮红色，充分成熟后为紫红色，上有较厚白色果霜，椭圆形。果穗中等大，有歧肩，圆锥形。平均穗重500g。果肉浅黄色，半透明肉质，果肉较硬，果皮中等厚，不易与果肉分离，味甜，低酸，品质极佳。

21. 甜蜜蓝宝石

又叫月光之泪，属于中熟品种，8月中旬成熟，成熟后不落粒，也不烂尖，可以挂果一个多月，果实也耐贮运。果穗一般在1 000g以上，自然无籽，可以切片，果粒能达到10g以上，果粒形状像小手指，大概5cm长，长圆柱状，末端有凹痕，果粒着生松紧适度，整齐均匀；果实为蓝黑色，着色均匀，口感脆甜无渣。果皮硬脆，完熟呈紫黑色，果粉少；果肉硬脆，可切片，味甜可口，风味纯正，可溶性固形物大于19%，刀切无汁，品质上乘。果刷着生牢固，耐拉力强，不脱粒；挂树时间可达2个月，果实可远途运输和长期贮藏。

22. 蜜光

河北省农林科学院昌黎果树研究所用巨峰和早黑宝杂交育成的品种。

果穗大，圆锥形，平均穗重720.6g；果粒大，椭圆形，平均果粒重9.5g，最大果粒重18.7g；具浓郁玫瑰香味，紫红色，充分成熟紫黑色；果肉硬而脆，风味极甜，品质极佳，可溶性固形物含量19.0%以上，可滴定酸含量0.49%；耐贮运。结果早，丰产稳产，8月上旬果实成熟。

二、砧木选择

生产上常用的抗性砧木见表11-1。

表11-1 生产上常用的抗性砧木

	来源	优点	备注
SO4	德国从冬葡萄和河岸葡萄的杂交后代中选出	生长势较旺，枝条较细，嫁接品种结果早，坐果率好，产量高，但成熟稍晚，有小脚现象	抗南方根结线虫，抗旱、抗湿性明显强于欧美杂交品种自根树
5BB	奥地利从冬葡萄与河岸葡萄的杂交后代中选出	生长势旺，使接穗生长延长	抗根瘤蚜，抗线虫，抗石灰质较强，适于北方黏湿钙质土壤，不适于太干旱的丘陵地
1103P	原产意大利属冬葡萄和沙地葡萄种间杂交种	根系直立性强，嫁接后的接穗生长势强	抗根瘤蚜，抗根结线虫，可耐18%活性钙，抗旱性好
110R	属冬葡萄和沙地葡萄的种间杂交种	产枝量较低，分枝较多，使接穗品种树势旺，生长期延长，成熟延迟，不宜嫁接易落花落果的品种	抗根瘤蚜，抗根结线虫，可耐17%活性钙，萌蘖根少，发苗慢，前期主要先长根，因其抗旱性很强，适于干旱瘠薄地栽培

（续表）

	来源	优点	备注
贝达	原产美国，是河岸葡萄和康克的杂交后代	生长势强，生长快	抗寒性突出，其根系属水平分布类型，其根系能耐-11℃以下的低温，极不抗盐碱
抗砧3号	中国农业科学院郑州果树研究所用河岸580×SO4杂交培育而成	植株生长势强，枝条成熟度好	抗病性极强。极耐盐碱，极抗根瘤蚜和根结线虫，高抗浮沉子
3309C	从河岸葡萄与沙地葡萄的杂交种中选出	易生根、易嫁接，植株生长中庸或较强	抗根瘤蚜，抗性优良，对干旱敏感，也不适于潮湿、排水不良的土壤。适宜土层较厚、中等肥沃、有效钙含量在11%以内和氯化钠含量在0.04%以内的土壤

第二节　栽培技术

一、合理栽植

单位面积上的定植株数依据品种、砧木、土壤和架式等而定，常见的栽培密度见表11-2。高、稀、宽、垂是今后的发展方向。

表11-2　栽培方式及定植株数

方式	株行距（m）	定植株数（株/亩）
小棚架	0.5～1.0×3.0～4.0	166～444
双十字“V”形架	1.0～1.5×3.0～3.5	222～127

（续表）

方式	株行距（m）	定植株数（株/亩）
单臂篱架	1.0～2.0×2.0～2.5	333～134
高宽垂“T”形架	1.0～2.5×2.5～3.5	76～267
十字飞鸟形架	1.5～3×2.5～3.5	64～178

二、肥水管理

（一）施肥

1. 施肥原则

（1）重视有机肥料施用，根据生育期合理搭配氮、磷、钾肥，视葡萄品种、产量水平、长势、气候等因素调整施肥计划。

（2）土壤酸性较强果园，适量施用石灰、钙镁磷肥来调节土壤酸碱度和补充相应养分。盐渍化严重的果园采用排灌措施、增施有机肥、施用石膏、覆盖地膜或有机物料进行改良。

（3）采用适宜施肥方法，有针对性施用中微量元素肥料。

（4）施肥与其他管理措施相结合，提倡采用水肥一体化技术，遵循少量多次的灌溉施肥原则。

2. 施肥建议

（1）土壤肥力较好的果园，亩施有机肥4t，土壤肥力较差的果园亩施有机肥5t以上。施肥时期秋季最佳。秋季未施用有机肥的果园，应补施有机肥，在春季土壤解冻后树体萌芽前，采用开沟或挖穴方法及早施入。施肥距离树干50～80cm，沟宽30cm，沟深40～50cm。

（2）亩产1 500kg以下，氮肥（N）10～15kg/亩，磷肥（P_2O_5）5～10kg/亩，钾肥（K_2O）10～15kg/亩。

亩产1 500～2 000kg，氮肥（N）15～20kg/亩，磷肥（P_2O_5）10～15kg/亩，钾肥（K_2O）15～20kg/亩。

亩产2 000kg以上，氮肥（N）20～25kg/亩，磷肥（P_2O_5）15～20kg/亩，钾肥（K_2O）20～25kg/亩。

（3）硼、锌、镁和钙缺乏的果园，相应施用硼砂1～2kg/亩、硫酸锌1～1.5kg/亩、硫酸钾镁肥5～10kg/亩、过磷酸钙50kg/亩左右，与有机肥混匀后在9月中旬到10月中旬施用（晚熟品种采果后尽早施用）。施肥方法采用穴施或沟施，穴或沟深度40cm左右。微量元素肥料可与腐熟的有机肥混匀后一起施入。

（4）化肥一般分4次施用。

第一次在9月中旬到10月中旬（晚熟品种采果后尽早施用），在施用有机肥和硼锌钙镁肥基础上，施用20%氮肥、20%磷肥、20%钾肥。

第二次在来年4月中旬（葡萄出土上架后）进行，以氮、磷肥为主，施用20%氮肥、20%磷肥、10%钾肥。

第三次在来年6月初果实套袋前后进行，根据留果情况适当增加肥料用量，一般施用40%氮肥、40%磷肥、20%钾肥。

第四次在来年7月下旬到8月中旬，根据降雨、树势和坐果量，适当调节肥料用量，以钾肥为主，配合少量氮、磷肥，施用20%氮肥、20%磷肥、50%钾肥。雨水多的季节，肥料可分几次开浅沟（10～15cm）施入。

（5）花前至初花期喷施0.3%～0.5%的硼砂溶液；坐果后到成熟前喷施3～4次0.3%～0.5%的磷酸二氢钾溶液；幼果膨大期至转色前喷施0.3%～0.5%的硝酸钙或者氨基酸钙肥。

（6）采用水肥一体化技术的果园，萌芽到开花前，追施水溶肥（N：P_2O_5：K_2O=1：1：1），每10d追肥1次，共追3次；开花期追施水溶肥（N：P_2O_5：K_2O=2：1：1）1次，辅以叶面喷施硼、钙、镁肥；果实膨大期追施水溶肥（N：P_2O_5：K_2O=3：2：4），每10d追肥1次，共追肥9～12次；着色期追施高钾型水溶肥（N：P_2O_5：K_2O=1：1：3），每7d追肥1次，叶面喷施补充中微量元素。控制总施肥量为常规施肥的80%左右。

（二）水分管理

葡萄对水分需求严格，严禁大水漫灌，在生长初期或营养生长期需水量较多，生长后期或结果期，需水较少，忌雨水及露水。萌芽期、浆果膨大期和入冬前需要良好的水分供应。成熟期应控制灌水。多雨地区地下水位较高，在雨季容易积水，需要有排水条件。在葡萄生长的萌芽期、花期前后、浆果膨大期和采收后4个时期，灌水5～7次。看土壤情况可适当增加灌水次数。

三、花果管理

（一）调节产量

通过花序整形、疏花序、疏果粒等办法调节产量。建议成龄园每亩的产量控制在1 500～2 000kg。

（二）果穗整形

想要葡萄长势好，后期结果多，葡萄花穗的整形少不了，可以减少叶片与果实之间的营养竞争，使果穗上的果粒尽可能保证营养充分，促进果实膨大和着色，提高果实糖度，改善品质。

1. 顺穗

顺穗是把搁置在铁丝上或枝叶上的果穗理顺在架下或架面上。配合新梢管理，把生长受到阻碍的果穗，如被卷须缠绕或卡在铁丝上的果穗，轻轻托起，进行理顺，使其正常生长或移至叶片下，以防止日灼。顺穗一般在6月中下旬进行，一天中以下午进行为宜，因这时穗梗柔软，不易折断。

2. 摇穗

在顺穗的同时，进行摇穗。将果穗轻轻晃几下，摇落干枯和受精不良的小粒。

3. 拿穗

把果穗和枝条分开，使枝条和果穗都有一定的空间，这样有利于果粒的发育和膨大，也便于剪除病粒。喷药时也可以让药物均匀地喷布到每个果粒上。拿穗应该在果粒发育到黄豆粒大小时进行，这一工作对穗大而果粒着生紧密的品种尤为重要。果实生长后期、采收前还需补充一次果穗整理，主要是除去病粒、裂粒和伤粒。

4. 疏穗

疏穗通过调整果穗数达到目标产量。通过疏穗减少了叶片与果实之间的营养竞争，使果穗上的果粒尽可能保证营养充分，促进果实膨大和着色，提高果实糖度，改善品质。葡萄单位面积的产量=单位面积果穗重×单位面积果穗数，而果穗重=果粒数×果粒重。因此，可以根据目标（计划）产量和品种特性就可以确定单位面积的留果穗数。

根据新梢的叶片数来决定果穗的疏留，先除去着粒过稀或过密的果穗，选留着粒适中的果穗。去除肩穗，保证果穗的美观性，去除穗尖，防止烂尖。疏穗一般进行1～2次（开花前和坐果后）。

（1）开花前疏穗。葡萄开花之前疏除过多果穗。对于长势较强的品种，花前疏穗可适当少一些，以免疏除过多而导致产量较低；对于长势较弱的品种花前疏穗可适当多一些，减少养分消耗。

（2）坐果后疏穗。越早越好。减少养分浪费，使养分集中供应保留下来的果穗、果粒，促使生长。

仅留穗尖式整形：仅留穗尖是葡萄无核化栽培的重要整形方式；花序整形的适宜时期为开花前1周至初花期，一般原则：巨峰、先峰、京亚、翠峰等巨峰系品种留穗尖3.5～4.5cm，8～10段小穗，50～60个花蕾。二倍体和三倍体品种，如魏可、红高、白罗莎里奥、夏黑等品种一般留穗尖5～6cm。

掐短过长分枝整穗法：夏黑、巨玫瑰、阳光玫瑰等品种常用此法。

见花前2天至见花第3天，花序肩部3～4条较长分枝掐除多余花蕾，留长1～1.5cm的花蕾即可，把花序整成圆柱形。花序长短此时不用整理。有副穗的花序，花序展开后及时摘去副穗。该方式果穗整齐、美观，果穗病害少，果穗大小适中，但操作比留穗尖稍复杂。

阳光玫瑰穗形管理：第一步修花。在花前一周内完成，根据目标穗重的要求留15～18个小枝穗。一般不去穗尖，当穗尖花序质量不好或出现变异时也可剪除穗尖部分。花序保留长度在4.5～5cm，修花时间越早，长度越短；修花时间越晚，长度越长。第二步做单层果。在无核化处理之后3～5d开始，每个小枝穗均保留一层果粒。单层果做得越早，穗形越漂亮。第三步疏粒。在无核化处理后15d开始疏粒。小果园在第二次膨大处理之后进行，大果园在第二次膨大处理之前进行。先疏除发育不良的小粒果和内膛果，按5～6层的结构留15个小枝穗，最上部留4～5粒，然后依次是3～4粒、2～3粒、2粒，到最底部留1粒。如果做精品果，总留果量为50粒之内，目标穗重0.75kg之内。第四步检查。在套袋之前，检查所有果穗，确保果穗之中没有一粒内膛果，若有遗漏应予以剔除。供应市场的果穗，总留果量在70粒左右，目标穗重0.9kg左右。

（三）果实套袋

疏果后及早进行套袋，但需要避开雨后的高温天气，套袋时间不宜过晚。套袋前全园喷布一遍杀菌剂和杀虫剂。红色葡萄品种采收前10～20d需要摘袋。对容易着色和无色品种，带袋采收。为了避免高温伤害，摘袋时不要将纸袋一次性摘除，先把袋底打开，逐渐将袋去除。套袋前用药注意不要用乳油类药剂，大多数乳油类药剂都对葡萄的果粉形成有破坏作用；也不要用粉剂类药剂，大多数粉剂类药剂比其他剂型的药剂细度差很多，容易在果面形成药斑污染果面；不要用三唑类杀菌剂，这类药剂大多数都有抑制果实膨大的副作用，比如丙环唑、氟硅唑、戊唑醇、腈菌唑、己唑醇等。当然进口的苯醚甲环唑还是比较安全的。可以一次用药防治多种病害，减少混用的药剂种类，避免因为药剂混用可能产生的化学反应。目前市场上的主流药剂中，甲氧基丙烯酸酯类的杀菌剂是防治病害种类最多的药剂，例如嘧菌酯、苯甲·嘧菌酯等。

四、整形修剪

（一）树形

根据葡萄的不同栽培条件，应选择相适应的丰产树形。

1. “T”形

篱架或棚架均可使用，优点是光合效率高，叶幕分布合理，新梢和果实都集中在植株上部，下部通风透光好，减轻了葡萄病虫害的发生；枝条自然下垂，营养生长受到控制，促进生殖生长，提高结果能力、结果系数、产量和品质；节省人工和架材，便于操作和机械化管理，降低果园的生产成本。

2. “H”形

棚架使用。在架面培养4个不同方向延伸的主蔓，当4个主蔓超过40cm时，将其绑缚于内侧两道铁丝上，使在架面上呈“H”形分布，主蔓培养完成之后，在其上每隔20～25cm配置副主蔓。母枝架面分布平衡，结果均匀，果实质量好，但整形时间长而费工，成形慢，仅适于不埋土防寒区。该整形方式具有通风透光性好、平衡树势、便于修剪、利于定产、提高品质以及实行标准化栽培等优点。

3. “一”字形或“T”形

即一主干，两主蔓，幼树呈“T”形，成龄后为“一”字形。实际上可以把“H”看成两个“一”字形，或“一”字形为半株“H”形树形。

4. “Y”形

篱架使用。“Y”形由于叶幕开张而受到充足的光照，光合效率有效提高，加上主干较高，结果部位一致性好，便于管理，植株通风透光性增强，病害发生率低，是目前生产上应用最多的整形方式。前人通过总结日光温室延后葡萄高效省工树形，认为有干双臂“Y”树形是最适的树形，通风透光良好，顶端优势弱，结果部位整齐，病虫害发生轻，整形修剪方便，葡萄生长中庸，有利于连年丰产；省工省时高效，便于生产推广，并提出了传统葡萄单臂篱架扇形改造成“Y”形的实用技术。

（二）修剪

在11月中旬至第二年2月修剪，不要过早或过晚。过早，养分不能充分向老蔓及根部输送，造成养分损失；过晚容易引起伤流。修剪时，对结果母蔓剪留1～3个芽的称为短梢修剪；剪留2～4个芽的称为中梢修剪；剪留8～12个芽的称为长梢修剪。最好采用长、中、短相结合方法进行。

1. 抹芽

当芽长到2～3cm时抹去弱芽，杈口芽，老蔓上萌发的无用隐芽。对双生芽或三生芽，只留一个主芽。如负载量不足时，可在空间大的地方，留母枝先端带花序的双生芽。

2. 定梢

在新梢长10～20cm，能看到花序时进行。对结实率低，果穗大，生长旺的品种，要留足结果枝。如植株生长过旺或偏弱，结果枝少，负载量不足，除结果枝全部留下外，还应留一定数量的发育枝。

3. 摘心

结果蔓的花序留6～7叶摘心，能提高坐果率及促使幼果膨大。易落花落果的品种如玫瑰香等应在落花前3～5d摘心；对坐果率高的品种，可在花后摘心。

4. 去副梢

新梢摘心后，副梢会大量萌发，因此要进行控制，以免消耗营养物质。花序下不留副梢，花序上部除顶端留1～2个副梢外，其余的全部抹除。留下的副梢留4～6叶反复摘心。

5. 掐花序

对落花落果严重的品种或肥水不足、枝蔓细弱的，可在花前3～5d掐去花序的1/5～1/4，以提高坐果率。

6. 疏果

对果穗十分紧密，有小粒和青粒的品种，在果粒膨大前疏粒，以增大果粒，保持果粒整齐。

7. 除卷须

卷须不但消耗养分，而且缠绕在果穗、枝蔓上造成枝梢紊乱，因此要及时除去。一般在摘心、去副梢、绑蔓时除去。

8. 绑蔓

在新梢长至20～30cm时开始绑蔓，整个生长期新梢的生长不断进行，一年3～4次。绑蔓时不可交叉绑缚，一般应倾斜绑以缓和生长势。常用的绑扣多为马蹄形。绑缚材料要求柔软。

第三节　病虫害防治技术

葡萄病虫害防治历见表11-3。

表11-3　葡萄病虫害防治历

防治时期	防治措施
萌芽期	春季葡萄出土萌芽时对枝干喷1次石硫合剂以铲除越冬菌源和虫源。葡萄枝干病害严重的葡萄园，及时挖除死树，并采用醚菌酯、苯醚甲环唑或解淀粉芽孢杆菌等药剂对死树周围土壤进行消毒，对死树邻近健康植株及田间病株进行药剂灌根。该地区当洁长棒长蠹为害枝条基部出现圆形蛀孔时，往蛀孔内塞入噻虫啉棉花，连续使用3～4次；当芽基部出现日本双棘长蠹为害蛀孔时，采用木屑拌溴氰菊酯乳油堵蛀孔防治
展叶期	露地葡萄重点防控霜霉病，在盛花期和其后10d，选用咯菌腈、唑醚・氟酰胺、嘧环・咯菌腈、氟菌・肟菌酯、解淀粉芽孢杆菌或木霉菌等药剂连续2次用药。设施葡萄若发生灰霉病，可喷施咯菌腈、唑醚・氟酰胺、嘧环・咯菌腈、氟菌・肟菌酯等，兼治白粉病，并及时剪除病梢集中销毁。对于白腐病严重的葡萄园，可在发病前用福美双粉剂、硫黄粉、碳酸钙等比例混匀，撒在葡萄园地面上，杀灭土壤表面的病菌。主要的害虫有叶蝉、蓟马、绿盲蝽等，在露地栽培模式下，这3类害虫的发生会贯穿多个葡萄生育期，因此从展叶期开始就应对3类害虫开展监测；对于设施栽培葡萄，仅叶蝉会在葡萄多个生育期发生。可在准确监测发生种类的基础上，在展叶10～15d后全株喷施乙基多杀菌素预防叶蝉、蓟马和绿盲蝽，间隔7d后再全株喷施1次硫制剂等杀螨剂预防葡萄短须螨。当斑衣蜡蝉若虫在嫩茎或叶片上大量聚集，单株虫量超过10头时，可对聚集处喷施噻虫嗪等防治

（续表）

防治时期	防治措施
开花期	花期主要防治灰霉病，可在盛花期和其后10d交替施用咯菌腈、唑醚·氟酰胺、嘧环·咯菌腈、氟菌·肟菌酯、解淀粉芽孢杆菌或木霉菌等防治2次。露地栽培葡萄进行花穗喷雾，保护地进行全株喷雾。花序分离到开花初期是防治设施葡萄康氏粉蚧的关键时期，需对整树均匀喷施噻虫嗪1次。该期如监测到叶蝉、蓟马、绿盲蝽发生较重，可全株喷施1次乙基多杀菌素。露地栽培葡萄上如有葡萄短须螨发生，可在盛花期全株喷施1次杀螨剂，压低春季种群数量
坐果期—绿果期	该期露地葡萄以防控霜霉病为主，在葡萄幼果豌豆粒大小时，采用吡唑醚菌酯进行果穗或全株喷雾预防果实感染霜霉病，兼治白粉病及白腐病等。当田间出现霜霉病时，可选用吡唑醚菌酯或氟噻唑吡乙酮全园用药。若施药后赶上降雨，雨后再补喷1次药。避雨栽培及设施栽培葡萄，以防控白粉病为主。该期露地葡萄上重点防控蓟马、斑衣蜡蝉、十星叶甲、葡萄短须螨和日本双棘长蠹，设施葡萄上重点防控康氏粉蚧、白粉虱。在露地葡萄园区，该期蓟马为害果实可造成其表面黄褐色木栓化锈斑，短须螨为害果梗造成果实脱落，斑衣蜡蝉成虫和十星叶甲高龄幼虫在田间大量发生，应在坐果后全园集中喷施1次乙基多杀菌素，并在7d后喷施1次硫制剂等杀螨剂，防控这几类害虫害螨。在果实膨大后，当芽基部出现蛀孔（日本双棘长蠹为害状），采用木屑拌溴氰菊酯堵蛀孔。在设施栽培园区，如发现枝干或果实上出现康氏粉蚧为害的白色蜡粉，应使用硬毛刷刷掉蜡粉以破坏介壳，如发现叶片背面出现白粉虱，再全株喷施1次噻虫嗪
成熟期—采收期	该期要重点防治炭疽病，溃疡病在条件差的葡萄园易发生。露地栽培未套袋的，要重点进行炭疽病的药剂防治，兼治溃疡病和白腐病，药剂可选用吡唑醚菌酯、苯醚甲环唑、氯氟醚菌唑、戊唑醇或咪鲜胺等。视发病情况，对果穗连续施药2～4次。此期霜霉病和白粉病继续发生，可根据发病情况，进行药剂防治，药剂种类参照坐果期—绿果期。该期是露地葡萄蓟马和设施葡萄康氏粉蚧、白粉虱的发生末期，如这3类害虫仍较重，应施用球孢白僵菌等生物农药防治。葡萄果实成熟初期在园区四周悬挂性诱剂或食诱剂诱杀橘小实蝇等实蝇类，直到采收结束

（续表）

防治时期	防治措施
落叶期—休眠期	葡萄采收后，设施葡萄园可全株茎叶喷施硫黄水分散粒剂、石硫合剂或波尔多液等铜制剂2～3次，控制病虫发生基数

第十二章　猕猴桃高效栽培技术

第一节　优良品种

一、博山碧玉

果实呈椭圆形，果脐小而圆，且向内收缩，果径5 ~ 6.5mm，单果质量70 ~ 110g；果皮为黄褐色，富有光泽，果面长有短毛，不易脱落。果肉为翠绿色，果心小，肉质脆嫩多汁，味道香甜，可溶性固形物含量约为12.6%，果实含糖量在16% ~ 22%，总酸含量约为1.2%，维生素C含量约为3 780mg/kg。抗寒性、抗病性较好，易丰产。

二、红阳

红阳红心猕猴桃由四川省自然资源科学研究院和苍溪县农业农村局共同从河南野生中华猕猴桃种子实生后代中选育而成。

果实短圆柱形，平均单重80g，最大可达130g；果皮为绿色或绿褐色，较薄，果面长有柔软茸毛，容易脱落；果肉为黄绿色，果心为白色，子房为鲜红色，沿着果心呈放射状红色条纹，果实横切面红、黄、绿相间，可溶性固形物含量为16% ~ 19.5%，总糖含量为8.97%～13.45%，有机酸含量0.11%～0.49%，维生素C含量为1 358～2 500mg/kg。早果性强，丰产性好，与世界主栽猕猴桃品种海沃特比较，提早2～3年结果，在单株产量和群体产量方面比海沃特高。

三、黄金果

黄金果又名早金，是新西兰选育出的黄肉猕猴桃品种，因成熟后果肉为黄色而得名。

果实为长卵圆形，中等大小，单果重80～140g。软熟果肉黄色至金黄色，味甜具芳香，肉质细嫩，风味浓郁，可溶性固形物含量15%～19%，干物质含量17%～20%。果实硬度1.2～1.4kg/cm^2，果实贮藏性中等，最佳的贮藏温度应在（1.5±0.5）℃，以减少冷藏损伤及腐烂。该品种树势旺，萌芽率高、成枝率高，极易形成花芽。

四、金艳

个头匀称结实，美观整齐，果实为长圆柱形，平均单果重101g，最大果重141g；果皮为黄褐色，外表光滑、茸毛少；果肉金黄、晶莹剔透，维生素C含量高，肉质细嫩多汁，口感香甜，果实硬度大，特耐贮藏，在常温下贮藏3个月好果率仍在90%以上，货架期长。该品种树势强壮，枝梢粗壮，其丰产性突出。

五、桓优一号

桓优一号软枣猕猴桃是辽宁本溪桓仁县发现的优良单株，果实在9月中下旬成熟，是中晚熟品种，雌雄同株。果型大，果实近扁圆形，果皮青绿色，平均单果重22g，大果重达36.7g。果形不是大众喜欢的那种，口感不稳定，有的特别好吃，有的不好吃。盛果期株产24kg，亩产600～1 000kg。含糖量可以达到22%。丰产性好、不落果。挂树时间长，从8月下旬成熟期到10月依然有百分之八九十的果挂树不软。

六、龙成二号软枣猕猴桃

龙成二号软枣猕猴桃是辽宁长白山山脉的野生品种，经人工驯化栽培后选育出来的，果实在9月下旬成熟，属于晚熟品种。果大、高产、优质、适应能力强。雌雄异株，果实长椭圆形，大而美观，果实清香甘甜，含糖量20%左右，平均单果重23g，最大果重37g。

七、LD133软枣猕猴桃

丹东宽甸县农民2000年从野生资源选出的农家品种，果实在9月末成熟。果实卵圆形，果皮绿色，果肉绿色、多汁、细腻，酸甜适度，口感好。平均重单果18g，最大果重30g。经过试验性栽培，软枣猕猴桃在-38℃的地区都没有出现冻害的情况。

八、LD241软枣猕猴桃

LD241软枣猕猴桃是辽宁东港十字街镇农民于2003年从野生资源选育出的，果实在9月中上旬成熟，属于中熟品种。果实长圆形，深绿色，表皮光滑，果皮薄，口感好，抗日灼，耐贮藏，果个均匀，商品形状好。平均单果重20g，7年生庭院栽培单株产量30kg左右。

九、魁绿软枣猕猴桃

魁绿是我国第一个软枣猕猴桃新品种，是中国农业科学院特产研究所1980年在吉林集安复兴林场的野生软枣猕猴桃资源中选得，果实在9月中下旬成熟，属于中熟品种，雌雄异株。平均单果重18g，最大果重32g。果实长卵圆形，果皮绿色、光滑无毛，果肉绿色、多汁、细腻，酸甜适度，含糖量15%。在无霜期120d以上、10℃以上有效积温达2 500℃以上的地方均可栽培。

十、金香玉软枣猕猴桃

金香玉软枣猕猴桃由2013年引进农家品种培育，果实在9月下旬成熟，属于中熟品种。果实椭圆形，果面有果粉，酸甜适口，平均单果重22g，最大单果重32g，含糖量20%左右，挂果期长、不落粒，耐贮运。

十一、红佳丽软枣猕猴桃

红佳丽软枣猕猴桃是丹东2013年从国外引进的，果实红皮红肉，果个匀称，果面光滑，十分美观。平均单果重15g，含糖量18%左右。在低于零下25℃地区，冬季需防寒处理或者采用保护地栽培。

第二节　栽培技术

一、栽植

（一）起垄栽培

猕猴桃适应温暖较湿润的微酸性土壤，最怕黏重、强酸性或碱性、排水不良、过分干旱、瘠薄的土壤。因此，可采取改土培肥措施，改善土壤理化性状，为其生长创造最优生态环境。猕猴桃建园，原则上应选择土层深厚肥沃、质地疏松、排灌便利、交通方便的丘陵缓坡或平地，避开风口、低洼地；土质黏重、地下水位高的地方不宜建园。

为便于采摘，建议行距不低于4m，在栽植前改良土壤的基础上起垄，垄底宽2m，垄顶宽1m，垄高40～60cm，开挖定植沟栽植。一般选择秋后11月（落叶后）或者春季3—4月（发芽前）进行栽植。猕猴桃为肉质根，呼吸强度大，栽植时不能埋土过深，否则缓苗慢、生长差，也不能埋土过浅，否则土壤易干旱，影响其成活。一般情况下，埋土至植株根茎处即可。

（二）栽植密度

采用“T”形架，行株距4.0m×（2.5～3.0）m；采用大棚架，行株距4.0m×（3.0～4.0）m。由于猕猴桃属于雌雄异株果树，因此需在其栽植时搭配相同花期的雄株授粉树，数量以（5～8）：1较为合适，栽植时要注意每3行为一组，中间行要每隔2株雌株栽植1株雄株。

（三）立架栽培

1. “T”形架

顺树行每隔6m栽1个长2.5m、横断面12cm×12cm内有4根6#钢筋的混凝土立柱，地下埋入0.7m，地上外露1.8m；支柱上设置1个长2.0m、横断面15cm×10cm内有4根6#钢筋的混凝土横梁，形成“T”形支架。横梁上顺行架设5条8#镀锌铅丝，每行末端立柱外2.0m处埋设一地锚拉线，地锚体积不小于0.06m^3，埋置深度1m。适于幼果至盛果初期果园应用。

2. 大棚架

立柱的规格、地锚拉线及栽植距离同“T”形架，要用三角铁将全园的支柱横向拉在一起；在三角铁上每隔50～60cm顺行架设一条8#镀锌铅丝，在纵横两端2m处埋设地锚拉线，埋置规格及深度同“T”形架。适于盛果中、后期果园应用。

二、肥水管理

（一）肥料管理

1. 需肥特点

猕猴桃对各类矿质元素需要量大，同时，各种营养元素的吸收量在不同生育期差异很大。早春萌芽期至坐果期，氮、磷、钾、镁、锌、铜、铁、锰等在叶中积累量为全年总量的80%左右，果实膨大期，氮、磷、钾营养元素逐渐从枝叶转移到果实中。据研究发现，猕猴桃对氯有特殊的喜好。一般作物为0.025%左右，而猕猴桃0.8%～3.0%，特别在钾缺乏时，对氯有更大的需求量。每生产1 000kg鲜果，需要氮1.84kg、磷0.24kg、钾3.2kg。

2. 基肥

提倡秋施基肥，采果后落叶前施比较有利。根据各品种成熟期的不同，施肥时期为10—11月，这个时期叶片合成的养分大量回流到根系中，促进根系大量发生，形成又一次生长高峰。同时由于采果后叶片失去了果实的水分调节作用，往往发生暂时的功能下降，需要养分恢复功能。早施基肥辅以适当灌溉，对加速恢复和维持叶片的功能，延缓叶片衰老，增长叶的寿命，保持较强的光合生产能力，具有重要作用。因此秋施基肥可以提高树体中贮藏营养水平，有利于猕猴桃落叶前后和第二年开花前一段时间的花芽分化，有利于萌芽和新梢生长，开花质量好，又有利于授粉和坐果。施基肥应与改良土壤、提高土壤肥力结合起来。应多施有机肥，如厩肥、堆肥、饼肥、人粪尿等，同时加入一定量速效氮肥，根据果园土壤养分情况可配合施入磷、钾肥。基肥的施用量应占全年施肥量的60%，如果在冬、春施可适当减少。

3. 追肥

追肥应根据猕猴桃根系生长特点和地上部生长物候期及时追肥，过早、过晚不利于树体正常的生长和结果。萌芽肥一般在2—3月萌芽前后施入，此时施肥可以促进腋芽萌发和枝叶生长，提高坐果率。肥料以速效性氮肥为主，配合钾肥等。壮果促梢肥一般在落花后的6—8月，这一阶段幼果迅速膨大，新梢生长和花芽分化都需要大量养分，可根据树势、结果量酌情追肥1～2次。该期施肥应氮、磷、钾肥配合施用。还要注意观察是否有缺素症状，以便及时调整。

4. 施肥量与比例

根据树体大小和结果多少以及土壤中有效养分含量等因素灵活掌握。一般第二年早春2月和秋季8月采果后分2次施入，以堆肥、饼肥、厩肥、绿肥为主，配施适量尿素、磷肥和草木灰等。据陕西栽培秦美猕猴桃的经验，基肥施用量为每株幼树有机肥50kg，加过磷酸钙和氯化钾各0.25kg；成年树进入盛果期，每株施厩肥50～75kg，加过磷酸钙1kg和氯化钾0.5kg。幼树追肥采用少量多次的方法，一般从萌芽前后开始到7月，每月施尿素0.2～0.3kg，氯化钾0.1～0.2kg，过磷酸钙0.2～0.25kg；盛果期树，按有效成分计一般每亩施纯氮11.2～15kg，磷3～3.5kg，钾5.2～5.7kg。

也可根据需要进行叶面喷肥，常用的肥料种类和浓度如下：尿素0.3%～0.5%，硫酸亚铁0.3%～0.5%，硼酸或硼砂0.1%～0.3%，硫酸钾0.5%～1%，硫酸钙0.3%～0.4%，草木灰1%～5%，氯化钾0.3%。叶面喷肥最好在阴天或晴天的早晨和傍晚无风时进行。

（二）水分管理

猕猴桃的根系为肉质根，属浅根系树种，对水分的要求比较严格，需土壤湿润，通风良好。它不仅害怕干旱，而且还害怕洪水。一般而言，当沙土中的积水量为25%～35%时，用手握土壤已有些干；当积水量为60%～80%，当双手紧握并能分散时，土壤中的水分含量是最合适的。

萌芽期：田间最大持水量为80%，显得适中，稍有不足，也就是平常所讲的墒情好，有利萌发，新梢长而叶片大。

花期：田间最大持水量70%，平常所说的土壤不干也不湿，控水有利开花坐果。

果实膨大期：田间最大持水量80%，有利果实迅速膨大，此时也是蒸发量最大时期，但不能长期积水，积水不但引起新梢旺长，还影响根系呼吸，造成烂根。

果实成熟期：田间最大持水量70%～80%，保持适中，有利果实糖分积累和充分成熟，果色正常。

猕猴桃休眠期需水量少，越冬前灌水有利于根系养分的合成和转化，有利于植物安全越冬。一般来说，在北方地区，从施用基肥到结冰，水要灌溉1次。

三、花期管理

通过良好的花期管理、合理负载，既能保证坐果率，提高果实的商品性，又能保持树势平衡，延长结果年限，所以花期的管理在整个周年管理中都是十分关键的一环。

1. 花前修剪

当新梢生长到15～20cm，花序开始出现时要进行适当疏枝，以确保通风透光和传粉昆虫的活动。花前15～20d，对第二道铁丝以外的结果枝，以花序以上留3～4片叶摘心，可使养分转向花序，改善花序的营养条件，提高受精能力，增加坐果率。

2. 疏蕾

当结果枝生长量在50cm以上时，或者侧花蕾分离后15d左右即可进行。重点疏除畸形蕾、弱质蕾、病虫蕾以及结果枝基部的花蕾和过密的花蕾。

3. 人工辅助授粉

在授粉前2～3d，采集即将开放至刚刚开放的雄花，取下雄蕊上的花药，经过晾干、烘干后花药开裂，筛去杂物收集花粉。在不影响授粉质量的情况下，为节约花粉，还可加入干淀粉、石松子等，直接买商品花粉也是可以的。在全树1/4的花开放后进行授粉，应避开中午，授粉后3h内遇到中等强度以上降雨，建议重复授粉，同时喷施硼源库+磷钾源库以提高坐果率，花期多雨地区建议搭建避雨棚。花期投放蜜蜂也能进行授粉，通常每亩猕猴桃园投放1～2箱强旺蜂群，如喀尔巴阡蜂、喀尼阿兰蜂、东北黑蜂、美意蜂等。

4. 疏果

疏果最好在谢花后2周内完成。疏果的原则是长果枝多留，中果枝少留，短枝原则上不留或最多留1个。疏果时，首先疏去畸形果、小果、病虫果和结果枝基部果。长枝可保留5～6个果，中果枝留3～4个果，短枝留1个果。同时，依据枝条的留叶数，基本上要达到（5～6）：1的叶果比。这样生产出来的果品品质、商品性较优异。

5. 肥水管理

开花前一周视树势情况施花前肥，一般以氮、钾为主，可直接淋施海精灵生物刺激剂根施型；谢花果后15d内追施壮果肥，以磷、钾肥为主；花果期应注意硼、钙、镁、锌等中微量元素的补充，一般以叶面补充为宜，可喷施海精灵生物刺激剂叶面型。

6. 水分管理

猕猴桃花期土壤湿度宜控制在80%左右，若花期干旱、高温、强光天多应在开花前2～3d全园浇1次水，提高土壤和空气湿度，以利于提高花粉生活力，保证授粉。若是花期多雨，则要加强排水，防止沤根。

第三节　整形修剪

一、“一干两蔓”树形

“一干两蔓”树形是在稀植情况下推行使用的，树冠枝条能充分展开，达到最大化利用架面空间、大幅度提高单产的目的。而国内是密植或中密植栽植，因此，一般而言，大于2m株距可推行一干两蔓树形，小于2m株距宜采用一干一蔓。

1. 基本树形

一个主干，分生两个主蔓，主蔓上直接着生结果母枝。主蔓沿中心铁丝延伸，两侧各30cm左右留一结果母枝。或两个主干，两个主蔓（各主干上一个主蔓），结果母枝直接着生于主蔓上。

2. 培养主干

保证幼树主干直立生长，超过架面20cm后（上架后超过第二道铁丝），在架下至少30cm处剪截。分枝点低有利于两个主蔓交叉反方向牵引绑蔓，由于摘心后主干还要往上长，因此选择在架下至少30cm处剪截较为合适。如果第一年主干没有长足，冬季修剪时将主干枝剪留3～4个饱满芽，第二年春季从萌发的新梢中选择一个长势最强旺枝作为主干再培养，其余新梢疏除。

3. 培养主蔓

主蔓长到一定高度，反向交叉后上架，并分别沿中间铁丝朝两个方向延长生长。主蔓上架后，隔一段距离使其缠绕中间铁丝一次，可以促进主蔓中下部的侧枝萌发，避免形成光腿枝。这是因为在每个缠绕打弯处会形成一个顶端优势，生长素在这里积累，促进了主蔓芽体萌发。

4. 主蔓延长

两个主蔓在架面上长出的二次枝全部保留，冬季修剪时，留下主蔓及其他枝条上的饱满芽，其余的剪除。第二年春季，架面上会发出很多新梢，这时选择一个最强旺枝作为主蔓的延长枝，继续沿中心铁丝继续向前延伸。当选择的主蔓延伸枝尖端开始相互缠绕时进行摘心，以积累营养促进主蔓健壮。

冬季修剪时，将超过生长范围的主蔓剪回到各自的范围生长，主蔓两侧间隔20～25cm留一长旺枝，修剪到饱满芽处作为下年的结果母枝，长势中庸的中短枝可适当保留。

防止主蔓基部光秃，首先，夏季在主蔓上合适部位摘叶留柄，或给叶腋芽（枝嫩时）蘸抹抽枝宝，促进其叶腋芽发出。其次，在春季2月至3月上旬，架面（重点内膛、主蔓及结果母枝基部）喷雾“启芽”，也能有效克服光秃情况发生。

二、夏季修剪

（一）抹芽

剪除位置不当或过密的芽，以达到养分、空间分布均匀的目的。从春季开始，主干上常会萌发出一些潜伏芽，后期会发展成徒长枝，根蘖处也常会生出根蘖苗，这些都要尽早抹除。从主蔓或结果母枝基部的芽眼上发出的枝，会成为下年良好的结果母枝，一般应予以保留。而对于徒长枝可留2～3芽，短截使之重新发出二次枝后缓和长势，培养为结果母枝的预备枝。对于结果母枝上抽生的多余的芽及早抹除。抹芽一般每两个星期进行一次，抹芽要及时、彻底。

（二）疏枝

疏枝从5月下旬开始，这个时候枝条生长比较旺盛。在主蔓上和结果母枝的基部附近留足下年的预备枝，母枝上多余的枝条要及时疏除，保持同侧生枝相同长度，不能使用的发育枝，细弱的结果枝以及病虫枝就是进行疏枝的对象。

（三）绑蔓

绑蔓目的是将新梢生长方向调顺，提高光合作用效果，主要是针对幼树长旺枝，在架面上分布均匀，从中心铅丝向外引向第2～3道铅丝上固定。绑蔓时要注意防止拉劈，对强旺枝可在基部拿枝软化后再拉平绑缚。为了防止枝条与铅丝摩擦受损伤，可以先绑好细绳，不可将枝条和铅丝直接绑在一起，以免影响新梢正常生长。

（四）摘心

摘心一般隔2周左右进行一次。对于外围枝可于花蕾上留3～4片叶摘心；主蔓附近给下年培养的预备枝前期长放不摘心，当顶端开始变细打弯缠绕时再摘心。摘心后发出二次枝时反复摘心。

第四节　病虫害防治技术

猕猴桃病虫害综合防治历见表12-1。

表12-1　病虫害综合防治历

时期	防治措施
1月、2月休眠期	用中生菌素、春雷霉素、梧宁霉素等或生防菌剂等对主干、主蔓、结果母枝分叉口及基部15cm进行涂抹，预防这些关键部位的病害。特别对于红阳、翠香、黄金果、金艳等品种。其余枝蔓喷布3～5°Bé石硫合剂
3月	每3～5d检查一次，剪除新病枝。病斑距基部较远时，在病斑下20cm剪除。病枝及时带出果园烧毁。剪口涂药。果蝇多时，及时喷布菊酯类药剂防治。展叶期，喷药防治花腐病，药剂要加渗透剂，选用铜制剂、0.2～0.3°Bé石硫合剂等
4月	防溃疡病、花腐病及菌核病（开花早品种）花前选用铜制剂，花后选用梧宁霉素、春雷霉素等抗生素。花腐病同3月。还可单用1 000～1 500倍液50%氯溴异氰尿酸（广谱杀菌，兼治多种病害）。开花早品种如红阳、华优等，在最后一次授粉后4d内，喷雾一次药剂防治菌核病及小薪甲。防菌核病药剂选异菌脲或菌核净或乙烯菌核利，加入1 000倍液渗透剂，杀虫剂选用功夫、毒死蜱等。重点喷雾果实相接处。10d后再喷1次
5月	及时剪除溃疡病枝、伤口涂药，每次大量剪枝后，都要细喷一次杀菌药，防治溃疡病。迟开花品种，继续防治菌核病及小薪甲、金龟子等食叶、刺吸式口器害虫。药剂选用功夫、吡虫啉等
6月	主防红蜘蛛等刺吸式口器害虫及叶部病害，可选用毒死蜱、阿维菌素及代森锰锌、嘧菌酯等杀菌剂。趁枝蔓增粗，树皮产生很多空隙裂缝机会，还可进行骨干枝涂药，追防皮层内溃疡病菌，并加强增粗生长

（续表）

时期	防治措施
7月	主防红蜘蛛等刺吸式口器害虫及叶部病害，特别是翠香等品种黑头病要重点防治。黑头病要注意预警，有个别果实出现黑头就要防治，选用烯唑醇或氯溴异氰尿酸（单喷）或嘧菌酯。杀虫药同6月
8月	重点关注叶蝉等刺吸式口器害虫及黑头病
9月	主要通过涂干（用50倍液50%氯溴异氰尿酸加800倍液渗透剂）、喷雾（氯溴异氰尿酸、铜制剂、梧宁霉素、春雷霉素、中生菌素、溃腐灵等）、灌根（9月起，每月1次）等措施，防溃疡病
10月	注意采果后马上进行喷雾，防止病菌通过果柄侵染溃疡病
11月	落叶后喷药，可封闭叶柄痕，防止溃疡病菌从叶柄痕侵入。药剂选用150倍液屠溃、施纳宁、溃腐灵等，喷雾要细，淋洗式喷施，统防统治
12月	修剪后用3～5°Bé石硫合剂清园，剪除病残枝蔓，在落叶上喷布100倍液EM（蜜糖或废糖液、水和多种生物酶配制而成）后犁翻入土

第十三章　草莓栽培技术

第一节　优良品种

一、红颜

又称红颊，章姬×幸香杂交育成。

果个较大，最大可达100多克，一般30～60g。果实圆锥形，种子黄而微绿，稍凹入果面，果肉橙红色，质密多汁，香味浓香，糖度高，含糖量12%～13%，风味极佳，果皮红色，富有光泽，韧性强，果实硬度大，耐贮运。

生长势强，植株较高（25cm），结果株径大，分生新茎能力中等，叶片大而厚，叶柄浅绿色，基部叶鞘略呈红色，匍匐茎粗，抽生能力中等，花序梗粗，分枝处着生一大一小两完全叶。红颜草莓每个花序4～5朵花，花瓣易落，不污染果实。红颜草莓休眠浅，打破休眠所需的5℃以下低温积累为120h，促成栽培中不用赤霉素处理。

二、章姬

又称牛奶草莓，久能早生×女峰杂交育成。

果实整齐呈长圆锥形，个大畸形少，色泽鲜艳光亮，香气怡人。果肉淡红色、细嫩多汁；口感柔和，浓甜美味，含糖量14%～17%；香味浓，回味无穷；章姬草莓已经成为我国草莓的主栽品种之一，一般亩产2 000～2 500kg。

三、隋珠

日本育成品种。

果实圆锥形，整齐度不如红颜、章姬，平均单果重25g，最大果重超过100g，大果有空心现象；果皮红色，果肉橙红色，肉质脆嫩，香味浓郁，带蜂蜜味，含糖量12%～14%，糖度高，酸味低，口感极佳，但温度较高时由于生长期较短，品质明显下降。果实硬度大，耐贮运。抗性强，对炭疽病、白粉病的抗性明显强于红颜。

草莓植株高大，较直立，长势强旺，叶片椭圆形，绿色，花梗较长。休眠浅，成花容易，花量大，连续结果能力强，早熟丰产。但匍匐茎数量偏少，育苗系数较低。

四、妙香3号

山东农业大学用哈达×章姬杂交育成。

果实圆锥形，平均单果重29.9g；果面鲜红色，富光泽；果肉鲜红，细腻，香味浓，可溶性固形物9.8%，糖酸比11.2，维生素C含量70mg/100g；硬度0.55kg/cm^2，比对照品种章姬高22.2%；髓心小，白色至橙红色。保护地促成栽培条件下，白粉病、灰霉病、黄萎病的发病率分别为4.3%、5.1%、6.1%，皆低于章姬。果实发育期50d左右，保护地促成栽培一般9月上旬定植，12月初开始成熟，第二年1月上旬进入盛果期。

五、妙香7号

山东农业大学用红颜×甜查理杂交育成。

果实圆锥形，平均单果重35.5g，比对照品种红颜高25.9%；果面鲜红色，富光泽；果肉鲜红，细腻，香味浓郁，有空心现象，口感不及红颜、章姬，可溶性固形物9.9%，糖酸比10.5，维生素C含量77mg/100g，硬度0.68kg/cm^2，髓心小。

保护地促成栽培条件下，白粉病、灰霉病、黄萎病的发病率分别为5.1%、5.6%、4.2%，均显著低于红颜和甜查理。果实发育期50d左右，保护地促成栽培一般9月上旬定植，12月下旬开始成熟，第二年1月中旬进入盛果期。

六、丰香

日本以绯美子×春香杂交育成的早熟品种。

果实圆锥形，鲜红色，有光泽。平均单果重16g，最大单果重35g。果肉白色，果汁多，酸甜适中，香味浓。可溶性固形物含量9%～11%，含酸量0.89%，每100g果肉含维生素C 68.76mg。果实硬度中等，果皮韧性强，较耐贮运。

丰产，早熟，抗病力中等，果实美观，品质优良。株产130.5g，商品果率77.5%。植株开张，生长势强，匍匐茎抽生能力中等，花芽分化早，温室栽培中能连续发生花序，采收期长达2～3个月。休眠浅，5℃以下低温50～70h即可打破休眠，是保护地栽培的优良品种，也可露地栽培。

七、甜查理

美国育成早熟草莓品种。

果实圆锥形或楔形，整齐，美观，个大，一级成熟果长度为5.0cm、宽4.3cm，平均单果重52g，大果重83g。果面鲜红色，有光泽；果肉呈橘黄色，硬度大，果汁较多，风味甜，香味较浓郁，可溶性固形物含量为8.42%。

生长势强，连续结果能力强，对灰霉病、白粉病等草莓病害抗性强，耐低温，抗潮湿。

八、鬼怒甘

日本从女峰品种变异株中选育而成。

果实圆锥形或扁楔形，单果重25～68g，平均单果重32g，果色鲜橙红色，果肉淡红色，艳丽，有芳香味，极甜，肉质细，松脆爽口，香味浓，风味佳，含糖量高达12%～18%，中间空心小或没有空洞；果实硬度比女峰和宝交早生大，近似丰香，耐贮运。

植株长势旺，直立高大，适应性广，既耐高温，又抗寒，休眠浅，花芽分化较早，果大丰产，自花授粉结果，但采用放蜂异花辅助授粉对改善品质，增加产量效果明显。

九、枥乙女

日本品种，久留米49号×枥峰杂交育成。

果实长圆锥形，鲜红色，整齐；果面平整，有光泽，外观亮丽；果肉浅红色或白色，果心红色，硬度中等，髓心略空；耐贮运；一级果平均重为35.96g，最大果实重68.5g；种子黄绿色或红色，稍凹于果面，分布均匀；主萼片宽，分叉，副萼片细，萼片大于果径，附着力强，成熟果实花萼向后翻卷；果实酸甜适口，汁液多，品质优，可溶性固形物为12.46%。

植株直立性强，生长势强旺，植株开花早，适应性强，抗旱，耐高温，抗白粉病和灰霉病；休眠浅，适于促成栽培。

十、京藏香

北京市农林科学院林业果树研究所用早红亮×红颜杂交育成的品种。

果实圆锥形或楔形，红色有光泽，种子黄、绿兼有，平于或凹于果面，种子分布均匀，果肉橙红色，果肉结实，较耐贮运；一级序果平均重48g，最大单果重110g；果实酸甜适口，可溶性固形物含量9.8%，每100g果肉含维生素C为62.70mg/g，还原糖为4.7%，可滴定酸为0.53%。

植株长势较强，株态半开张，比红颜早熟半个多月。

十一、粉玉

杭州市农业科学研究院选育的粉果草莓品种，具有果味浓郁、口感香甜的特点，果皮粉红色、果肉白色，口感香甜可口、细腻多汁。

1. 粉玉1号

果实圆锥形，果面粉红色，种子平于或凹于果面，果肉白色，紧实，髓心空洞无或小；第一花序部分一级序果（顶果）为楔形（扁果），二级以上序果正常，第二花序各级次序果正常；在不疏果情况下，果个中等大小，第一花序一级序果平均单果重约28.0g，二级序果平均单果重约17.1g。肉质细腻，色、香、味俱佳，可溶性固形物含量13.1%～18.0%，平均值15.2%；果实硬度适中，耐贮运性好。植株直立，生长势中庸，连续成花能力强，较抗炭疽病。

2. 粉玉2号

果实圆锥形，果面粉红色，果肉白色，紧实，髓心空洞小；果个大，第一花序一级序果（顶果）平均单果重30.9g；二级序果平均单果重26.1g。口感香甜可口，肉质细腻，风味佳。12月下旬的果实可溶性固形物含量约12.6%，低于粉玉1号；果实硬度高于粉玉1号，且果形一致性好。成熟期比粉玉1号晚5～7d。植株生长势强。

十二、越秀

浙江省农业科学院园艺研究所选育的优质中熟草莓品种。

果实圆锥形，果实大，多花枝、大果比例高，平均单果重22g；果皮、果肉红色，肉质细腻多汁，酸甜可口，可溶性固形物含量为11.1%，风味表现接近红颜，果实硬度比红颜高，耐运输，货架期较长，果皮颜色不容易发暗。果实种子偶有外凸。

植株直立性，生长势强，冬季棚内温度越高光照越强，草莓结果状况要更好一些，但不宜超过30℃，否则会导致果实底部变软。注意疏花疏果，因为是多花枝型，一个花序会有25朵花，一定要疏花疏果，一般可留8个果（15g以上），等前面几个果坐果稳定后，抓紧疏除后面的小果小花。

十三、京小白

辽丹1号（红颜复壮品种）脱毒组培芽变品种，曾荣获2012年世界草莓大会银奖。

果实长圆锥形，顶果略短圆锥带三角形，单果重41.2g，果形指数1.19，顶果特大，最大顶果达150g；果皮较薄，粉白色，前期是白色或淡粉色，后期随着温度升高和光线增强会转为粉色；果肉为纯白色或淡黄色，顶端可溶性固形物含量13.8%，比对照“红颜”高1个百分点，果实甜蜜，具有清香气味，口感好，吃起来有黄桃的味道。

生长旺盛，植株极高大，果大品质优，丰产性好，抗白粉病能力较强，休眠浅但不耐连续低温，耐低温弱光能力较优。

十四、红袖添香

北京市农林科学院林业果树研究所以卡姆罗莎为母本、红颜为父本杂交育成。

果实长圆锥形或楔形，红色，有光泽，种子黄、绿、红色兼有，平于果面；果肉红色；花萼单层、双层兼有。一、二级序果平均果重50.6g，果实纵、横径6.08cm × 4.46cm，最大果重98g。风味酸甜适中，有香味。可溶性固形物含量为10.5%，维生素C含量为48.5mg/100g，总糖4.48%，总酸0.48%。

植株生长势强，株态半开张，果个大、连续结果能力强、丰产性强、抗病性较强。

十五、白雪公主

北京市农林科学院林业果树研究所育成。

果实呈圆锥形或楔形，果实较大，大果重达48g，果面白色，果实光泽强，种子红色，平于果面，萼片绿色，着生方式是主贴副离，萼片与髓心连接程度牢固不易离，果肉白色，果心白色，果实空洞小；可溶性固形物9% ~ 11%，吃起来有淡淡的黄桃味，因此也有人称它为“黄桃草莓”，风味独特。

株型小，生长势中等偏弱，抗病性强，抗白粉病能力强。

十六、桃熏

日本用K58N7-21×久留米IH1号杂交育成。

果实比普通草莓稍大，横纵比几乎相同的圆锥形；皮黄色或橙色，颜色浅，介于粉红色和橙色之间，果肉白色，有髓心，表皮完全成熟时淡红色；果实种子比一般草莓凹陷，果实表面有凹凸感。果实偏软、清甜，甜味和酸味平衡良好，甜度较高，酸度较低，桃熏的香气包含桃子、椰子、焦糖的混合香气。

植株比较高大、壮硕，抗病性强，其开花结果期偏迟、花期耐低温性弱，成熟期晚。

十七、雪里香

山东农业大学培育的品种。

果实圆锥形，果大，最大单果重85g，果实平均单果重32g；果实硬度大，平均硬度352.13g/cm^2。果实颜色红色；种子微凸果面；果面光滑、有光泽；口感酸甜适口，风味浓郁；果实肉质细，口感甜，果实平均可溶性固形物含量12.3%；含糖量最高可达20%，平均在15%，总酸含量6.83g/kg，维生素C含量625mg/kg。

该品种植株长势较章姬强，直立性强，株型较开张，植株明显大于章姬，对白粉病和灰霉病的抗性较强，对炭疽病抗性较差；耐寒性强，耐旱性较强，耐低温弱光能力较强。对赤霉素敏感，操作不当易造成旺长，少量有空洞。

十八、宁玉

江苏省农业科学院以幸香作母本、章姬作父本杂交育成的草莓促成栽培极早熟品种。

果实圆锥形，一、二级序果平均单果重24.59g，最大单果重52.99g；果实红色，果面平整；果皮较厚，果肉橙红色，髓心橙色，肉质细腻，硬度好，香气浓，风味甜，品质上等。果实可溶性固形物10.70%，含糖量7.38%，可滴定酸0.52%，维生素C 762.00mg/kg。果实硬度1.63kg/cm^2，耐贮运。

根茎长势强，根系吸收养分的能力也比较强，非常容易旺长，对炭疽病的抗性比较强，但是对白粉病等抗性弱。正常管理条件下会比章姬草莓早15d上市。

十九、天使草莓8号

日本选育的白色草莓品种。

果实圆锥形，果实个头大，果实纵横比近1，形状圆润；果色白，白中透红，成熟的种子鲜红，凹陷小，空洞小，果肉白，萼片平展，略小于果径，果肉硬度居中，香味较浓，酸甜居中，汁多；单果重16.6g、含糖量10.8%、硬度0.2kg/cm^2。

植株较开张，生长势较强，抗白粉病中等，抗高温炭疽良，抗黄萎病良，耐高温，休眠较深，匍匐茎抽生较红颜稍多。

二十、艳丽

沈阳农业大学以08-A-01为母本、枥乙女为父本杂交育成。

果实圆锥形，果形端正，一级序果平均单果重43g，果面鲜红色，光泽度强，风味酸甜适口，香味浓，果实前端的可溶性固形物能够达到15%以上，含糖量7.9%，可滴定酸0.4%，维生素C 0.63mg/g，果实硬度2.73kg/cm^2，耐贮运。果实汁液多，风味酸甜，香味浓郁。

植株生长势强，植株对肥水相对不敏感且耐弱光，抗灰霉病和叶部病害，对白粉病具有中等抗性，适合日光温室促成栽培和半促成栽培。

二十一、金刚2号

山东农业大学以雪香为母本、红颜为父本杂交选育而成，极早熟。

果实短圆锥形，大型果，平均单果重26g，最大单果重45g，25g大果能够达到85%以上，株产量能够达到537g左右，亩产4 200kg以上；果实颜色红色，色泽亮丽，香气浓郁，商品性好；可溶性固形物含量13.4%，最高可达14.5%；果实硬脆，硬度极大，有极小髓心，成熟期平均硬度为4.72kg/cm^2；果肉粉红，口感浓甜，香气浓郁，常温贮存10d不变软。

植株生长发育健壮，耐低温弱光能力强，在山东地区一般11月中旬即可成熟。

第二节　栽培技术

一、草莓栽培模式及环境条件

（一）棚室草莓栽培的主要模式

1. 促成栽培

4月中下旬至5月中上旬育苗，8月中下旬定植，10中下旬扣棚保温，12月下旬至第二年1月上旬开始采收。

2. 半促成栽培

4月中下旬至5月中上旬育苗，9月中下旬至10月上旬定植，11中下旬至12月上旬扣棚保温，第二年2月下旬至3月上旬开始采收。

（二）草莓对环境条件的要求

1. 对土壤的要求

适宜的土壤条件是草莓丰产的基础。草莓根系浅，表层土壤对草莓的生长影响极大。草莓适宜的土壤是土壤肥沃，保水保肥能力强，透水透气性良好，质地较疏松的沙壤土，适宜pH值为5.5～7。黏土地栽培草莓，果实味酸、色暗、品质差，成熟较沙壤土晚2～3d。在缺硼的田块栽培草莓，易出现果实畸形，落花落果严重。

2. 对水分的要求

草莓由于根系浅，植株小而叶片大，老叶死亡和新叶生长频繁更替，叶面蒸腾作用强，决定了草莓在整个生长季节对水分有较高的要求。但草莓在不同的生育时期对水分的要求也不一样，如开花期田间持水量保持在70%以上；果实膨大期田间持水量保持在80%以上；浆果成熟期要适当控水，保持田间持水量在70%以上；花芽分化期适当减少水分，保持田间持水量在60%～65%，以促进花芽分化。

3. 对温度的要求

草莓对温度的适应性较强，根系在2℃时便开始生长，5℃时地上部分开始生长。开花期和结果期的最低温度应在5℃，草莓植株生长适宜温度为20～25℃，开花适宜温度为15～24℃，花芽分化的适宜温度为17～25℃，坐果适宜温度为25～27℃；果实发育适宜温度为18～22℃。

4. 对光照的要求

草莓是喜光植物，但又较耐阴，在花芽形成期，要求每天10～12h的短日照和较低温度，如果人工给以每天16h的长日照处理，则花芽形成不好，甚至不能开花结果。但花芽分化后给以日照处理，能促进花芽的发育和开花。在开花结果期和旺盛生长期，草莓需要每天12～15h的较长日照时间。

二、移栽

1. 整地施肥

整地前，要清除前茬和杂草，细致整地，施足底肥，提高地力，以满足整个生长周期对养分的要求。一般亩铺施腐熟厩肥4 000～5 000kg（腐熟鸡粪减半），深翻30cm，经高温闷棚后，亩施生物有机肥100kg，耙细耙平后起垄，起垄一定要精细，否则会严重影响秧苗栽植成活率和缓苗后的生长。起垄标准为垄高20～30cm，上宽35～40cm，下宽50～60cm，垄沟宽20～30cm。

2. 消毒灭菌

采用太阳能消毒法。棚室架材、墙体用菌毒清300倍液喷洒后，将基肥中的农家肥施入土壤，深翻，灌透水，土壤表面盖地膜或旧棚膜，密封棚室，进行高温闷棚。土壤太阳能消毒一般在7—8月进行，时间至少为20d。也可在空棚期，用氰氨化钙、棉隆或威百亩进行土壤消毒。每亩均匀撒施粉碎秸秆1 000～2 000kg、氰氨化钙50%颗粒剂50～60kg或每亩撒施棉隆98%微粒剂20～26.7kg；或每亩用威百亩35%水剂4～6kg沟施。土壤湿度70%以上，用厚度0.04mm以上的农膜将土壤表面完全封闭，暴晒20～30d。消毒完成后，揭膜、旋耕、充分放气后方可种植草莓。

3. 定植时间

促成栽培于8月中下旬开始定植；半促成栽培于9月中下旬开始定植。

4. 秧苗准备

一般于移栽当天，或移栽前一天下午起苗。起苗前1～2d先浇一次起苗水。起苗后，除去老叶、病叶、弱苗等，按大、中、小三级进行分级后，用5～10mg/L的萘乙酸或萘乙酸钠浸根2～6h，以提高成活率。种苗具有4片以上展开叶，叶色呈鲜绿色，叶柄粗壮而不徒长，根茎粗度8mm以上，根系发达，根须多而粗，呈黄白色，单株苗重20g以上，中心芽饱满，顶花芽分化完成，经过检疫无病虫。

5. 定植

采用大垄双行，定向栽培。所谓定向，就是指幼苗在匍匐茎生长方向，有一个弓背，一般将弓背朝向垄边，以便于管理及果实着色和采收。

按小行距25～30cm，开沟移栽，株距10～15cm，每亩定植10 000～16 000株。栽植深度以“深不埋心，浅不露根”为宜。每栽植完一垄，要立即灌大水，浇足浇透，以利缓苗。草莓移栽最好选在阴天进行，晴天以傍晚为宜，促成栽培移栽时，应注意适当遮阴降温。

三、田间管理技术

草莓的生育周期短，产量又较高，加之喜肥、喜水，必须加强以土、肥、水为中心的各项管理工作。

（一）缓苗期管理

栽植后立即浇一次透水，以后每1～2d浇一次水，连浇2～3次，直至缓苗。缓苗后要及时中耕除草，划锄保墒，摘除病叶、老叶，发现匍匐茎时要及时摘除，以促进幼苗生长。

（二）扣棚保温

依据栽培模式、设施保温条件，选择适宜的扣棚时间。促成栽培多在10月中下旬开始扣棚；半促成栽培多于11月中下旬开始扣棚。

（三）地膜覆盖

草莓一般不用除草剂进行灭草，所以选厚度0.008mm的黑色地膜进行覆盖，以利于除草、保温、保湿。覆盖时间以草莓顶花芽显露为宜。

（四）防虫网阻隔

在草莓生长期，在棚室的通风口安装40～50目防虫网。

（五）棚室管理

1. 温度管理

大棚覆盖后，保持白天温度25～30℃，夜间温度5～10℃；开花前，白天温度以25℃左右为宜，不要超过30℃；坐果后，白天温度保持在20～25℃，夜间温度不能低于5℃，最好保持在10～15℃，产品收获期应适当降低温度。

2. 肥水管理

浇水，最好采用膜下滴灌方式。浇水要看天、看地、看植株长势进行，以保持“湿而不涝，干而不旱”为原则。追肥，一般于顶花序显蕾时，结合浇水进行第一次追肥；顶花序果开始膨大，长至拇指大小时，进行第二次追肥；顶花序果开始采收时，进行第三次追肥；顶花序果采收盛期，进行第四次追肥。追肥要与灌水相结合，追肥量一般亩追施氮、磷、钾（15-6-21）的冲施肥10～15kg。

（六）其他管理措施

1. 赤霉素（GA3）处理

为了防止植株休眠，根据草莓品种休眠深浅，在保温一周后，30%植株现蕾时，往苗心处喷赤霉素，浓度为5～10mg/L。每株喷约5mL。

2. 植株调整

及时摘除病叶、老叶和匍匐茎；开花坐果后，要进行疏花疏果，花序上高级次的无效花、无效果应及早疏除，每个花序保留5～7个果实；果实采收后，残留花枝要及时去除，以促进侧花芽生长发育。

3. 放蜂授粉

草莓花由于特殊结构，自花授粉能力弱，须进行人工辅助授粉。一般于开花前一周每亩棚室放置蜂箱1～2箱。

（七）果实采收

待果实表面着色达到80%以上，就要及时采收上市。采收时间在清晨露水已干至中午以前或傍晚转凉后进行。

第三节　施肥技术

一、施肥原则

针对草莓生长期短、需肥量大、耐盐能力较低和病虫害较严重等问题，提出以下施肥原则。

一是重视有机肥料施用，施用完全腐熟的优质有机肥，减少土壤病虫害。

二是根据不同生育期养分需求，合理搭配氮、磷、钾肥，视草莓品种、长势等因素调整施肥计划。

三是采用适宜施肥方法，有针对性施用中微量元素肥料。

四是施肥与其他管理措施相结合，推广水肥一体化技术，遵循少量多次的灌溉施肥原则。

二、施肥建议

亩产2 000kg以上，氮肥（N）18～20kg/亩，磷肥（P_2O_5）10～12kg/亩，钾肥（K_2O）15～20kg/亩；亩产1 500～2 000kg，氮肥（N）15～18kg/亩，磷肥（P_2O_5）8～10kg/亩，钾肥（K_2O）12～15kg/亩；亩产1 500kg以下，氮肥（N）13～16kg/亩，磷肥（P_2O_5）5～8kg/亩，钾肥（K_2O）10～12kg/亩。

常规施肥模式下，化肥分3～4次施用。底肥占总施肥量的20%，追肥分别在苗期、初花期和采果期施用，施肥比例分别占总施肥量的20%、30%和30%。土壤缺锌、硼和钙时，相应施用硫酸锌0.5～1kg/亩、硼砂0.5～1kg/亩、叶面喷施0.3%的氯化钙2～3次。

采用水肥一体化技术时，在基施优质腐熟有机肥3～5m^3/亩的基础上，现蕾期第一次追肥，每10d随水追施水溶肥（N：P_2O_5：K_2O=1：5：1）2～3kg/亩；开花后第二次追肥，每10d随水追施水溶肥（N：P_2O_5：K_2O=1：5：1）2～3kg/亩；果实膨大期第三次追肥，每10d随水追施水溶肥（N：P_2O_5：K_2O=2：1：6）2～3kg/亩。每次施肥前先灌清水20min，再进行施肥，施肥结束后再灌清水30min冲洗管道。

第四节　病虫害防治技术

设施草莓主要病虫害绿色防控技术中推荐农药见表13-1、表13-2。

表13-1　设施草莓主要病虫害绿色防控技术中推荐生物农药

病虫害名称	农药名称	有效成分用药量或稀释倍数	使用方法
白粉病	100亿CFU/g枯草芽孢杆菌可湿性粉剂	300～600倍液	喷雾
	9%互生叶白千层提取物乳油	1 005～1 500mL/hm^2	喷雾
	0.4%蛇床子素可溶液剂	1 500～1 875mL/hm^2	喷雾
根腐病	3亿CFU/g哈茨木霉菌可湿性粉剂	4～6g/m^2	灌根
	1亿CFU/g哈茨木霉菌微囊粒剂	1 500～2 505g/m^2	喷雾
	1 000亿CFU/g枯草芽孢杆菌可湿性粉剂	900～1 200g/hm^2	喷雾
炭疽病	2%春雷霉素水剂	42～52.5g/hm^2	喷雾

（续表）

病虫害名称	农药名称	有效成分用药量或稀释倍数	使用方法
芽枯病	3%多抗霉素可湿性粉剂	160～270g/hm^2	喷雾
灰霉病	2 000亿CFU/g枯草芽孢杆菌可湿性粉剂	300～450g/hm^2	喷雾
	2%春雷霉素水剂	42～52.5g/hm^2	喷雾
	20% β -羽扇豆球蛋白多肽可溶液剂	2 400～3 300mL/hm^2	喷雾
	2亿CFU/g哈茨木霉菌可湿性粉剂	1 500～4 500g/hm^2	喷雾
病毒病	0.5%几丁聚糖水剂	300～500倍液	喷雾
	2%氨基寡糖素水剂	64～80g/hm^2	喷雾
	0.5%香菇多糖水剂	15.6～18.75g/hm^2	喷雾
蚜虫	2%苦参碱水剂	450～600mL/hm^2	喷雾
叶螨	0.5%藜芦碱可溶液剂	1 800～2 100g/hm^2	喷雾

表13-2　设施草莓主要病虫害绿色防控技术中推荐的化学农药

病虫害名称	农药名称	有效成分用药量或稀释倍数	使用方法
蚜虫	50%氟啶虫胺腈	8 000～10 000倍液	喷雾
	5%高氯·啶虫脒乳油	22.5～30g/hm^2	喷雾
	10%溴氰虫酰胺可分散油悬乳剂	50～60g/hm^2	喷雾
	10%吡虫啉可湿性粉剂	300～375g/hm^2	喷雾
叶螨	43%联苯肼酯悬浮剂	150～375mL/hm^2	喷雾

（续表）

病虫害名称	农药名称	有效成分用药量或稀释倍数	使用方法
粉虱	25%噻虫嗪水分散粒剂	26.25～30g/hm^2	喷雾
	10%溴氰虫酰胺悬乳剂	60～85g/hm^2	喷雾
	22.4%螺虫乙酯悬浮剂	72～108g/hm^2	喷雾
蓟马	60g/L乙基多杀菌素悬浮剂	1 500～2 000倍液	喷雾
白粉病	30%苯甲·嘧菌酯悬浮剂	1 000～1 500倍液	喷雾
	12.5%四氟醚唑水乳剂	315～405mL/hm^2	喷雾
	30%氟菌唑可湿性粉剂	225～300g/hm^2	喷雾
	300g/L醚菌·啶酰菌悬浮剂	375～750mL/hm^2	喷雾
	30%醚菌酯可湿性粉剂	450～600g/hm^2	喷雾
	25%戊菌唑水乳剂	105～150mL/hm^2	喷雾
	20%吡唑醚菌酯水分散粒剂	570～750g/hm^2	喷雾
	25%粉唑醇悬浮剂	300～600g/hm^2	喷雾
灰霉病	50%啶酰菌胺水分散粒剂	450～675g/hm^2	喷雾
	500g/L氟吡菌酰胺·嘧霉胺悬浮剂	900～1 200mL/hm^2	喷雾
	16%多抗霉素可溶粒剂	300～375g/hm^2	喷雾
根腐病	98%棉隆微粒剂	30～45g/m^2	撒施
炭疽病	45%咪鲜胺水乳剂	525～825mL/hm^2	喷雾
	25%嘧菌酯悬浮剂	600～900mL/hm^2	喷雾
	10%苯醚甲环唑水分散粒剂	840～1 020g/hm^2	喷雾
	50%嘧酯·噻唑锌悬浮剂	600～900mL/hm^2	喷雾

（续表）

病虫害名称	农药名称	有效成分用药量或稀释倍数	使用方法
病毒病	20%吗胍·乙酸铜可湿性粉剂	500 ~ 750g/hm^2	喷雾
	5.9%辛菌·吗啉胍水剂	135 ~ 196.88g/hm^2	喷雾
	20%盐酸吗啉胍可湿性粉剂	500 ~ 750g/hm^2	喷雾

第十四章　蓝莓栽培技术

第一节　优良品种

一、奥尼尔

南方高丛蓝莓的代表品种之一，适合栽培在暖温带至亚热带地区。树体长势旺，树高2m，半直立，落叶，开花早，花期长。早熟，极丰产，果个大，成熟时果实呈蓝黑色，果粉较少；果实球形，单果重1.5～2.5g。果肉细软，多浆汁，香味浓，风味佳，果蒂痕小、速干，耐贮运。自花不实，必须配置授粉树才能结果充分，目前最好的授粉树是夏普兰。种植间距1.2～1.5m。南方的气候条件可满足其对休眠低温的要求，需冷量400～500h，对晚霜敏感。冬季反常高温下不易打破休眠，不会发生反季节开花，对土壤的适应性较强，适宜在我国长江流域大部分地区种植，建立自采果园或供应鲜果市场的果园。

二、雷格西

北方高丛蓝莓早熟品种。大果，树体生长直立分枝多，丰产，质地硬，果蒂小且干，贮藏性好，便于运输。果实含糖量很高，甜度14.0%，酸度pH值3.44，有香味，鲜食口感极佳，这一品种被认为是目前鲜果品种中品质最好的品种之一。树直立型，丰产性强。

三、薄雾

美国选育品种，南方高丛蓝莓中熟种。树势中等，开张型。果粒中大，甜度14.0%，酸度pH值4.20，有香味。果蒂痕小而干。低温要求时间200～300h。南方高丛蓝莓品种中最丰产种，属暖温带常绿品种。

四、奥尼尔

美国选育品种，南方高丛蓝莓早熟种。树势强，开张型。果实大粒，甜度13.5%，酸度pH值4.53。香味浓，是南方高丛蓝莓品种中香味最大的。果肉质硬。果蒂痕小、速干。低温要求时间400～500h。耐热品种，丰产。

五、公爵

美国育成品种，又名杜克，为北方高丛蓝莓早熟品种。树体生长健壮、直立，连续丰产。果实中大、淡蓝色，质硬，清淡芳香风味，甜味大（甜度12.0%），酸味小（pH值4.9）。果粉多，外形美观。果蒂痕中等大小。丰产。

六、绿宝石

美国选育的品种。果实大，蓝色，果蒂痕小且干，果实硬度高，耐贮运。质地硬，果实口味甜略有酸味，完全成熟后甜度较大，风味佳。成熟期早，且较集中。树势比较强健，半开张型，需冷量200h左右，产量高，具有较强的耐寒性，抗病虫害能力也较强。

七、云雀

南方高丛蓝莓品种。果实平均重量约3g，可食率100%，质地硬，颜色为中蓝色，可溶性固形物13.0%，伴有香气，口感酸甜适中。果柄比较长，果穗松散，果蒂小而干，适合使用机器采收，具有很强的耐贮存能力，需要异花授粉。树势强，直立生长，花萼及花冠底部呈浅红色，需冷量200h左右。

八、L蓝莓

南方高丛蓝莓早熟大果品种。果实大，果子成熟后基本有一块钱硬币大，蓝色，甜度14.0%，有香味，果蒂痕小且干，质地硬，果实口味甜略有酸味。成熟期极早，且较集中。树势中等，开张型，需冷量100～200h，产量高，抗寒力强，抗病、抗虫能力强。

九、H5

南方高丛极早熟蓝莓品种。果实中大，呈椭圆形或近环形，果皮为深蓝色或浅蓝色，外表被有乳白色果粉，较厚。口感好，酸甜适口，甜味较大，果实里面的种子多而小，不影响食用。树势旺盛，树姿微微开张，需冷量约为50h。

第二节　蓝莓对环境条件的要求

一、光照

长日照有利于蓝莓的营养生长，而花芽分化则须在短日照条件下进行。20%的全日照的光照强度是花芽大量形成的必要条件。在全日照下果实品质最好。矮丛蓝莓的花芽形成需要一定时间的短日照（8h，6周）。

二、温度

（一）北方高丛蓝莓

早熟品种对于气温的基本要求是生长期达到120～140d，而晚熟品种则不能少于160d。在8～20℃，气温越高，生长越旺盛，果实成熟也越快。在水分和营养充足的情况下，气温每上升10℃，生长速度约增长1倍。在气温降至3℃时，即使不遇到霜冻，植株的生长活动也会停止。

大部分北方高丛蓝莓品种可耐-26～-23℃低温。在深度休眠的情况下，高丛蓝莓最低可耐-40～-35℃低温。但气温一旦上升到-2.2℃时，就有可能引起脱水。如果在这样的气温下时间较长，而且地面没有雪被，则可引起根系严重冻害。

气温达到30℃时叶片的光合作用会下降。虽然品种间耐热性有差异，但一般来说，叶面温度超过20℃时生长停滞，超过30℃就有可能引起热害。高丛蓝莓的果实品质与夏季高温呈反相关。

（二）南方高丛蓝莓

南方高丛蓝莓和北方高丛蓝莓的主要区别是：南方高丛蓝莓虽然能在温暖的冬季气温条件下通过休眠，但其抗寒性一般弱于北方高丛蓝莓，而高于兔眼蓝莓；南方高丛蓝莓的耐热性不如兔眼蓝莓，但强于北方高丛蓝莓。

（三）兔眼蓝莓

在美国，兔眼蓝莓常常发生冬季或早春的周期性花芽冻害。兔眼蓝莓花芽的抗寒性与花芽的发育阶段有关，发育阶段越高，越容易受冻；接近开花时，抗寒性呈直线下降。

梯芙蓝和乌达德的花芽及叶芽的抗寒性相似，在没有萌发前能耐-15℃的低温，而绽开的芽在-1℃的温度下就会受冻，-5℃的低温可以杀死虽未绽开而即将绽开的花芽中的子房。

（四）矮丛蓝莓

矮丛蓝莓虽然抗寒性很强，但冻害仍然是该品种产量不稳定的原因之一。矮丛蓝莓除枝条顶端的2个花芽抗寒性较差外，枝条上的其他花芽在正常情况下1—2月可耐-40～-35℃的低温。

三、水分

蓝莓的耐旱性较强，与其他的果树品种相比，其耐旱性强于桃和核桃，而与苹果相似，但弱于梨。在持续干旱的条件下，成年兔眼蓝莓能保持丰产，但刚刚定植的幼树和盆栽植株不耐干旱。土壤水分对兔眼蓝莓非常重要，大多数品种在果实成熟期，土壤水分过多会引起裂果；而果实发育期水分不足，则会引起落果。北方高丛蓝莓大多数品种的吸收根位于土壤表层30cm的范围之内，最不耐旱。矮丛蓝莓的主根系深度可达90cm，有一定的耐旱能力。从生产角度看，灌溉对蓝浆果植株生长和提高产量效果明显。在美国大部分地区的北方高丛蓝莓果园都配有灌溉设备。在该品种的整个生长季节中，每周需要25mm的降水量，特别是在果实发育期，其对降水的需要量则提高到每周40～50mm。北方高丛蓝莓对水质的要求严格，灌溉水的盐分不得超过0.1%，氯不得超过300mg/kg；含盐高的水会引起钠毒害，使植株生长受到明显抑制。兔眼蓝莓对灌溉水的水质要求不严格，pH值7.5的水也可以用来灌溉，但是水的盐分含量不能高。

四、土壤

蓝莓最适宜生长在有机质含量高、透气性好和水分充足而稳定的酸性沙质土壤中。北方高丛蓝莓对土壤条件要求最严，土壤酸度必须在pH值4.2～5，最适宜的pH值为4.5～4.8；酸度过高会由于植株缺铁而产生褪绿症，酸度过低易引起植株镁中毒。高丛蓝莓特别需要有机质含量高的土壤，必须在有机质含量达12%的土壤上才能健康生长；在有机质含量不到5%、土层又薄的土壤中高丛蓝莓生长不良。对于高丛蓝莓而言，除其自然分布区中排水良好的酸性沙土和泥炭土地区外，在其他地方，如果土壤未经改良，又没有建立排灌系统，一般难以取得好的效益。兔眼蓝莓的适应性相对较强，在高地或低地的黏土或沙土地上均能生长；土壤酸度范围可在pH值4.5～5.5，以pH值4.8～5为最好。矮丛蓝莓自然分布在有机质贫乏的高地土壤中，在加拿大的主要产区的土壤pH值为4～5.2。

蓝莓对土壤营养的要求不高。栽培蓝莓所需的施肥量远远低于其他果树。在生产中如果施肥过多反而对生长结果不利。在酸性土壤环境下，蓝莓的根系可被石楠属菌根感染形成内生菌根。菌根对蓝莓的营养吸收和生长发育有重要的生理作用，这也是蓝浆果对土壤营养要求不高的原因。它可以使蓝莓直接利用土壤中的有机氮并促进对无机氮的吸收，促进蓝莓对难溶性磷，特别是有机磷的吸收，还可以促进蓝莓对硫、钙、铜、锌、锰、铁等其他元素的吸收。当重金属元素供应过量时，菌根又能起到抵抗作用。有菌根的植株，明显表现为生长量大而且产量高。蓝莓生长对钙的吸收能力较强，但过多钙的投放又可能造成缺铁，磷肥、钾肥可以增产，氮肥促进生长效果明显。

第三节　栽培技术

一、园地选择与定植

（一）园地的选择与准备

园地土壤pH值4.0～5.5，最适宜pH值为4.0～4.8。土壤有机质含量在8%～12%，土壤疏松、通气良好，湿润但不积水。园地选择好后，在定植前1年结合压绿肥进行深翻，深度以20～25cm为宜，深翻熟化，以利蓝莓的生长。

1. 调节土壤pH值

土壤pH值过高，需要调节，施用硫黄粉可调节土壤的pH值，每100m^{2}施用硫黄粉量：沙土为pH值降低0.1需施硫黄粉0.49～0.73kg；壤土为pH值降低0.1须施硫黄粉0.97～1.46kg；黏壤土为pH值降低0.1需施硫黄粉1.46～1.96kg。如果硫黄粉和草炭配合施用效果更佳。土壤pH值过低用石灰进行调节。

2. 增加土壤有机质

种植蓝莓的土壤有机质最好在8%以上，否则就需要增加有机质，最好的材料是草炭（泥炭）。作物秸秆、腐叶土、碎树皮等植物性有机材料腐熟后也可以使用，降低成本。土壤有机质不足则根系生长不良，后期树势下降，将影响产量50%左右。

（二）定植

选择适宜的蓝莓品种。苗木选择株高50cm以上、主茎基部直径0.5cm以上的二年或三年生苗木建园。要求植株健壮、分枝多、根系发达、无病虫害和明显伤害。

1. 定植时期

春栽和秋栽均可，但秋栽成活率高，春栽则宜早。

2. 起垄栽培

垄面高25～30cm，宽为1m，垄面中间挖定植沟（穴）一行，行距根据栽植品种确定。

3. 栽植密度

实际的栽培密度可以根据各品种植株大小、土壤肥力和管理水平作适当调整，土壤肥力状况较好、管理水平高的园地应加大株行距。一般可按株行距（1～2）m×（2～3）m，并按主栽品种与授粉品种2∶1或3∶1的比例配植授粉树。

4. 定植要求

栽植深度以苗木根茎部位与地面保持平行为宜，每株施草炭土2～3kg。苗木栽植后浇水踏实，栽植时应避免苗木根系与肥料直接接触，定植后及时浇透水，覆盖园艺地布或地膜。

5. 授粉树搭配

兔眼蓝莓自花不实，必须配置授粉树，可选用高丛蓝莓品种。高丛蓝莓和矮丛蓝莓自花结实率很高，但配置授粉树可提高果实品质和产量。配置方式采用主栽品种与授粉品种1∶1或2∶1比例栽植。1∶1式即主栽品种与授粉品种每隔1行或2行等量栽植；2∶1式即主栽品种每隔2行定植1行授粉树。

6. 定植后管理

苗木定植后在行内需立即用锯屑、松针、干草等覆盖，覆盖的厚度需在10cm以上，宽度50cm以上。如果实在没有有机覆盖物，也可以用塑料地膜覆盖，地膜以银灰色不透光的为佳，黑色次之，无色透明的较差。覆盖不仅有利于保墒，而且对防止草害亦卓有成效（透明地膜除外）。如有灌溉设备，此时可以按需要进行灌溉。在定植后2个月内应避免施肥，2个月后也只能在根系达到的范围之外追施少量的肥料。在定植的第一年要特别注意根际松土和除草。

二、肥水管理技术

（一）合理施肥

1. 蓝莓的营养特点

（1）低需求量。蓝莓对主要营养元素（氮、磷、钾、钙和镁等）的需求量比其他果树要少，营养过剩时反而有害。

（2）蓝莓不仅不易吸收硝态氮，而且硝态氮还造成蓝莓生长不良等伤害。蓝莓的另一特点是属于喜铵态氮果树，对土壤中的铵态氮比硝态氮有较强的吸收能力。因此，蓝莓以施硫酸铵等铵态氮肥为佳。硫酸铵还有降低土壤pH值的作用，在pH值较高的沙质和钙质土壤上尤其适用。过多的钠、氯、硝态氮等离子对蓝莓生长不利。

（3）当土壤中磷素含量较高时，增施磷肥不但不能增加产量反而延迟果实成熟。一般当土壤中磷素水平低于6mg/kg时，就需增施五氧化二磷1～3kg/亩。

（4）钾肥对蓝莓增产显著，而且提早成熟，提高品质，增强抗逆性。但过量无增产作用反而使果实变小，越冬受害严重，并且导致缺镁症发生。

（5）氯元素也是蓝莓所需的基本营养元素之一，但需要量不大，在生产上从来未发现蓝莓因缺氯而产生的缺素症。而且氯通常都属有毒元素，土壤氯离子浓度高时，不仅直接对植株的长势和结果水平造成不良影响，还影响蓝莓对其他营养元素的吸收，并会增加土壤含盐量。因此选择肥料种类时不要选用含氯的肥料，如氯化铵、氯化钾等。

（6）蓝莓属嫌钙植物，若土壤含钙多会导致树体缺铁；与其他果树相比较，蓝莓树体内氮、磷、钾等含量较低。

（7）对土壤pH值的依赖性。蓝浆果的营养水平受土壤pH值的影响。土壤pH值的下限是3.8～3.9；当土壤pH值超过5.2时，果树常常发生缺铁性失绿症。霍姆斯（Homes，1960）通过改变营养液的pH值和磷含量的方法观察蓝莓的生长状况，发现pH值在4～5时蓝莓生长最好，当pH值超过这个最适范围时，缺铁失绿程度增加，生长量下降。在含磷量高时，蓝莓缺铁症状尤甚，表明过量的磷可能降低营养液中铁的利用率。然而，尽管出现缺铁症状，老叶中铁的实际含量并不随pH值的增加而变化，只有幼叶中铁的含量会减少，这表明高pH值还影响铁的代谢。用铁的螯合剂（FeEDDHA）代替无机铁盐时，在pH值7的情况下仍然能使叶片保持绿色。布朗（Brown）和德雷珀（Draper）于1980年提出假说，认为蓝浆果中存在一种缺铁基因，他们在水培中发现部分种内和种间杂交种后代能够向营养液中释放氢离子，从而降低营养液的pH值。当向土壤加碳酸钙时，能够释放氢离子的植株可以保持叶片的绿色，而无此能力的植株出现缺铁性失绿症。斯贝厄斯（Spiers，1984）发现，当土壤pH值从4.5升至5时，植株体内的氮素水平增高，pH值超过5时氮素含量又下降。提高土壤pH值，会增进植株对钙和钠的吸收；而降低土壤pH值，会提高植株体内镁的含量。

2. 需肥规律

据研究每生产1 000kg蓝莓约需吸收纯氮4kg、五氧化二磷1kg、纯钾5kg，在有机质含量较高的土壤中，应减少氮肥的用量。当土壤pH值≥5时以硫酸铵作氮源，当土壤pH值<5时，以尿素作氮源。蓝莓对肥料的需求水平相对较低，在土壤较肥沃、有机质含量高的情况下一般不施肥或少施肥，或根据土壤分析及叶片分析结果追施所缺少的某些元素。如土壤贫瘠，则需施有机肥和氮、磷、钾等矿质肥。一般认为施肥的三要素比例（氮：磷：钾）可以是1：2：1，土壤有机质含量高的土壤氮磷钾比例为1：2：3。中等肥力的土壤按有效成分计，幼年果园每亩施氮4kg、磷8kg、钾4kg，以后根据生长情况逐年增加，增产效果明显。

土壤追肥每年分3次，第一次在萌芽前（3月下旬至4月上旬），第二次在开花前后（4月下旬至5月上旬），第三次在果实采收前（5月下旬至6月上旬），每次施肥间隔时间4～5周。基肥应在秋季施用。

施肥量应根据土壤肥力状况、树体状况、田间管理水平、气候条件等因素确定。一般定植第一年可株施N、P_2O_5、K_2O总量分别为10g、1g、3g左右，以后每年按5：1：2比例较上一年施肥量增加30%～50%，定植第五年株施N、P_2O_5、K_2O总量分别为32g、7g、16g左右。优质有机肥按每株5～10kg施用。施肥应该距根基部15～20cm环状施入，可撒施或沟施，深度适宜，一般在10～15cm。施肥量的确定必须慎重，要根据土壤肥力及树体营养状况来确定（表14-1）。

表14–1　蓝莓不同时期施肥量［g/（株·周）］

施用时期	类型	N	P	K	Mg
萌芽至坐果期	高氮型	2.5	1.2	1.2	0.1
坐果后至果实停长期	平衡型	2.5	1.2	1.2	0.1
果实开始第二次膨大至采收结束	高钾型	1.5	1.2	2.4	0.1

（二）水分管理

及时灌水保证土壤湿度。蓝莓属于须根系，没有主根粗大的根系，它的吸收根部分像头发丝，而且分布很浅，一般分布在5～20cm土层内。因此，保障充足的水源和灌水条件是蓝莓成功栽培的关键。

根据蓝莓生长特点与土壤墒情做好水分管理。土壤含水量以维持在田间最大持水量的60%～70%为宜。在萌芽期、枝条快速生长前期、果实膨大期应保持充足的水分供应。在果实成熟期与采收前应适当控制水分供应，提高果实品质。晚秋季节减少水分供应，促进枝条成熟。入冬前灌一次封冻水。灌溉方式采用滴灌和喷灌。提倡水肥一体化技术。

三、修剪技术

（一）以去花芽为主

定植后第二年到第三年春，疏除弱小枝条；栽植后3～4年，修剪以扩大树冠为主，但可适量结果，一般第三年尽量让其少结果或者不结果。第五年进入成年以后，修剪主要是控制树高，以疏枝为主；大枝结果最佳年龄为5～6年，超过时要回缩更新；15～20年生的老树可采用全树更新，即将地上部分全部锯掉，留15～20cm高的伐桩，也可以贴地面伐除不留桩，这样可从基部重新萌发大量新枝。全树更新后当年不结果，但第三年产量可比未更新老树提高5倍。

（二）前3年的幼树修剪

主要以疏除下部细弱枝、下垂枝、水平枝及树冠内的交叉枝、过密枝、重叠枝为主。如果是定植当年，还要疏除所有花芽。

（三）成年树（含衰老树）修剪

进入盛果期以后，树冠的大小已经基本上达到要求，应开始控制树冠的进一步扩大，并把有限的空间留给生长较旺盛的枝条或枝组。这时应疏除树冠各处的细弱枝和因结果而逐渐衰弱的枝组，回缩因结果而衰弱并被新生枝组取代的优势枝组，有计划地回缩大枝。大枝的回缩可以先轻后重，即先回缩1/3～1/2，等到回缩更新后的大枝再次衰弱时，可以加大回缩力度，剪去2/3甚至从近地面处剪除；如果枝组衰老更加严重，则可以从根部将大枝疏除，以让位给新的、生长势强的大枝。采用这种逐年分批更新的方法，比整株衰老后一次性更新要好，这样既能延缓果树衰老，又不损失产量。枝组和大枝的衰弱是相对的，并没有绝对的标准。是否需要疏除或回缩，取决于是否能满足树体的通风透光条件，疏除或回缩哪个枝或枝组或大枝，取决于哪个生长最弱，唯一的原则就是去弱留强。

四、花期管理技术

（一）花前复剪

根据估产进行花前疏花，主要疏除过长结果枝上过多的花芽，一般中庸结果枝留3～4个花芽为宜，疏除病弱花、畸形花及过密的花芽。

（二）温度控制

蓝莓花期要警惕温度过高，造成花朵的发育出现问题。若温度超过30℃时，那些还未发育完全的花芽也会提前分化成花苞，而这些花苞一般都是发育不良的。建议合理地将温度控制在25～28℃，如果有条件在阴雨天和晚上可用加温设施，把低温控制在20℃以上，对于花苞的孕育会更好。

（三）辅助授粉

蓝莓自花结实率较低或品质较差，大多数果农朋友会栽培两种以上的蓝莓品种进行交叉授粉。而蓝莓授粉主要依赖风媒传粉和虫媒传粉，蓝莓授粉常用蜜蜂和熊蜂。当大棚内蓝莓有花开放时就应及时放入。当80%落花时移走蜂箱，使晚开的花因不能授粉而脱落，从而使采收时成熟期一致些。成年蓝莓园一般2箱蜂/亩。有条件放熊蜂，熊蜂的数量2～3亩/箱，每箱5 000～10 000头。

（四）水肥管理

浇水要及时，土壤表面干透了就可以浇水了，浇则浇透，但是切忌不能积水，积水容易导致掉花苞。同样施肥也要跟上，一般半个月左右给1次氮、磷、钾均衡的复合肥或者是浅埋一些有机肥，薄肥勤施就可以了，花期也可以给点磷、钾肥，有利于提高坐果率。

（五）湿度管理

蓝莓花期棚内空气相对湿度控制在50%左右较为合适，只要不过干一般不浇水，如需浇水可浇小水。

（六）清理植株

蓝莓花期清理植株十分重要，比如受病虫害侵染的病枝、病叶，它们是病害蔓延的传染源，要将其清除出园；还有就是受环境影响有机械损伤的枝条和叶片，它们已基本丧失功能是植株的拖累也要及时清除等。

五、设施栽培

蓝莓设施栽培的目的是提早上市，延长市场果品供应时间，实现在国际市场上的反季节销售。山东省保护地栽培品种选择的目标是休眠期短、早熟、果个大、品质优良、自交结实率高。主要采用北方高丛蓝莓和南方高丛蓝莓中的早熟品种。特别是南方高丛蓝莓在保护地生产中更具优势。南方高丛蓝莓保持了北方高丛蓝莓的树体高大、果实大、丰产、品质优的特性。同时，其抗病性、抗涝性、土壤适应性进一步提高，植株的生长速度快，树体对低温需求量减小，其需冷量为150～600h，果实成熟期提早、香味增加。与六倍体兔眼蓝莓相比，树体变小，成熟期提早，果实增大，种子变小，果皮变薄，品质大幅度提高。南方高丛蓝莓使高丛蓝莓种植区域扩大到亚热带。南方高丛蓝莓在温带地区实行保护地栽培可提早扣棚、提早升温、提早成熟，山东可在5月上市。进行设施栽培应先培育大苗、壮苗或者利用田间栽植的两年生苗木，建园种植株行距1m×2m。合理配置授粉树，在花期，利用棚室放蜂以提高坐果率。土壤和水分管理与露地栽培相似。蓝莓日光温室栽培生育期温湿度调控指标见表14-2。

表14-2　蓝莓日光温室栽培生育期温湿度调控指标

生育期	白天温度（℃）	夜间温度（℃）	相对空气湿度（%）
休眠期	7.2以下	7.2以下	60～70
催芽期	15～20	5以上	60～80

（续表）

生育期	白天温度（℃）	夜间温度（℃）	相对空气湿度（%）
萌芽期	15 ~ 25	7 ~ 10	60 ~ 80
现蕾期	20 ~ 23	7 ~ 10	60 ~ 70
开花期	20 ~ 25	8 ~ 10	40 ~ 50
幼果期	25 ~ 27	13 ~ 15	60 ~ 70
果实膨大期	25 ~ 28	13 ~ 15	60 ~ 70
果实成熟期	24 ~ 28	15 ~ 20	50 ~ 60

六、病虫害防控

蓝莓主要病虫害防治见表14–3。

表14–3　蓝莓主要病虫害防治

病虫害	防治技术措施
灰霉病	50%异菌脲悬浮剂1 000 ~ 1 500倍液、50%啶酰菌胺水分散粒剂500 ~ 1 500倍液，40%嘧霉胺悬浮剂1 000 ~ 1 500倍液、75%百菌清可湿性粉剂500 ~ 800倍液、3亿CFU/g哈茨木霉菌可湿性粉剂200 ~ 500倍液等喷雾
根腐病	30%噁霉灵水剂1 000倍液、30%甲霜·噁霉灵水剂750 ~ 1 000倍液，或3亿CFU/g哈茨木霉菌可湿性粉剂200 ~ 500倍液等灌根
煤污病	可用10%多抗霉素可湿性粉剂600 ~ 1 000倍液，或500g/L异菌脲悬浮剂750 ~ 1 000倍液等喷雾
枝枯病	剪除病枝后喷药或清园时，可选用25%吡唑醚菌酯乳油1 000 ~ 3 000倍液，或10%多抗霉素可湿性粉剂1 000 ~ 1 500倍液

（续表）

病虫害	防治技术措施
叶斑病	可用10%苯醚甲环唑水分散粒剂450～750倍液，或25%吡唑醚菌酯乳油1 000～3 000倍液，或60%唑醚·代森联水分散粒剂1 000～1 500倍液等进行喷雾
叶锈病	雨季前使用杀菌剂80%代森锰锌可湿性粉剂600～800倍液喷雾预防。治疗使用20%烯肟·戊唑醇悬浮剂1 500～2 000倍液，或24%腈苯唑悬浮剂3 000～5 000倍液等喷雾
僵果病	25%吡唑醚菌酯乳油1 000～3 000倍液，或50%丙环唑微乳剂1 000～2 000倍液，或24%腈苯唑悬浮剂3 000～5 000倍液等杀菌剂
蛴螬	6—7月成虫发生盛期，20—21时，树下铺置塑料布，摇动树枝，人工收集、捕杀掉落的成虫；利用金龟子的趋化性，配制糖醋液，放在行间诱杀；在越冬幼虫开始活动时（4月中下旬）使用45%丙溴·辛硫磷浇灌树盘2～3次，每株1.5～2L，每次间隔10～15d；成虫为害初期使用5%氯氰菊酯全株喷雾1～2次，每次间隔10～15d
蚜虫	10%吡虫啉2 000倍液、50%氟啶虫胺腈水分散粒剂10 000～15 000倍液、22.4%螺虫乙酯3 000倍液等，并辅以物理防治如悬挂黄板等
蓟马	60g/L乙基多杀菌素1 500倍液、30%噻虫嗪3 000倍液
果蝇	2.8%阿维菌素1 500倍液、50%灭蝇胺2 000倍液、0.3%苦参碱800倍液、1%甲氨基阿维菌素苯甲酸盐3 000倍液，60g/L乙基多杀菌素悬浮剂2 000倍液
介壳虫	22.4%螺虫乙酯4 000～5 000倍液、40%毒死蜱乳油800倍液

七、分批采收

蓝莓果实成熟期不一致，应分批采收。雨、露、雾天、高温或果实表面有水时不宜采收；急需应急采收时，应水洗速冻贮存。鲜食用果品采摘时要轻拿、轻放。病果、畸形果应单收单放。果实采收后，应立即进行预冷处理，使果实温度降至10℃以下，以去除果实热量，有效防止腐烂。预冷的方式主要采用真空冷却或冷风冷却。现在市场上出现串果或穗果采收销售，市场反映良好。

参考文献

陈修会，刘淑兰，赵锦彪，等，1992. 桃蛀螟发生规律及防治试验研究[J]. 中国植保导刊（4）：50-53.

陈勇，胡芳辉，邵玉丽，2019，化肥农药减施增效技术[M]. 北京：中国农业科学技术出版社.

高文胜，李林光，2021. 全图解果树整形修剪与栽培管理大全[M]. 北京：中国农业出版社.

侯慧锋，2016，果园新农药手册[M]. 北京：化学工业出版社.

焦世德，2012. 春季果园晚霜冻害的防御[J]. 西北园艺. 果树（1）：7-8.

李保华，门兴元，张振芳，等，2020. 山东产区套袋苹果病虫害综合防控“164”农药减施模式的设计与应用[J]. 中国果树（2）：1-5.

龙兴桂，2000，现代中国果树栽培·落叶果树卷[M]. 北京：中国林业出版社.

龙兴桂，冯殿齐，苑兆和，等，2018，中国现代果树栽培[M]. 北京：中国农业出版社.

宋志伟，王志刚，2022，肥料科学施用技术[M]. 北京：机械工业出版社.

王昊，王璐，雷晓隆，等，2018，果树病虫害诊断与防治图谱[M]. 北京：中国农业科学技术出版社.

王华，2010. 果树春季霜冻的防控[J]. 烟台果树（2）：52-53.

王志远，管恩桦，王艳莹，2015. 现代园艺生产技术[M]. 北京：中国农业科学技术出版社.

张安宁，李桂祥，董晓民，2020. 疫情防控期间桃园春季管理技术[J]. 落叶果树，52（2）：6-7.

张承胤，李福芝，许跃东，等，2012. 北京地区苹果炭疽病的发生与防治[J]. 北方果树（3）：45.

张玉聚，2023，中国植保图鉴[M]. 北京：中国农业出版社.

赵锦彪，王信远，管恩桦，2010. 果品商品化处理及全球买卖[M]. 北京：中国农业出版社.

周蕾，管恩桦，王志远，2020，桃高效栽培技术[M]. 北京：中国农业科学技术出版社.

朱更瑞，2011. 图说桃高效栽培关键技术[M]. 北京：金盾出版社.